# 大腦如何辨識方向？

## 建立方向感、空間意識、拓展社群的人類大腦導航祕密

Michael Bond
麥可・龐德——著
張馨方——譯

# 目次

# 序言

如果你曾好奇迷路是什麼感覺，我建議你不要輕易嘗試。那種經驗很嚇人，而且通常會造成精神創傷。徹底迷路的人們往往無法明智地做出可保全性命的決定，甚至自認只有死路一條。他們失去了理智，也失去了方向感。

一般人不會迷路，算是個奇蹟。物質世界的道路錯綜複雜，多數人卻都找得到方向。我們有辦法在穿越陌生街道時保持方向感，沿著從未走過的路抄捷徑，還能在多年後清楚記得之前只去過一次的地方。這些成就實在非同小可。

本書其一旨在解釋人類如何做到這一點：大腦如何描繪「認知地圖」，讓我們在從未踏及的地方也能認清方向。更重要的是，這關乎我們與環境的關係，以及我們對周遭世界的理解如何影響自身的心理與行為。人類看待物質空間的方式，對物種演化至關重要。如開篇所述，在史前時代，遠距離導航的能力給了智人（學名 *Homo sapiens*）其他人種所沒有的優勢，讓我們得以探索地球遙遠的彼端。除了將我們定義為尋路人，這種能力也影響了一些重要的認知功能，包含抽象思考、想像力、部分的記憶力甚至語言。人類在心理與生理上都是空間性動物。

如果你曾經罹患精神疾病，絕對體會過這種感覺。創傷後壓力症候群、抑鬱症、精神病與其他相關疾病的患者通常會覺得內心迷失了方向。這不僅是隱喻而已：精神疾病會影響大腦中負責製作認知地圖的區域。一些心理學家認為，鼓勵精神病患在空間中辨認方向，可以刺激這些大腦區域神經元的成長，有助於減輕症狀。尋路與空間意識不只能幫助我們找到正確方向、與周遭環境建立連結，也可增進心理健康。

由於現代多數人運用空間技能的方式不同以往，這些考量尤其重要。連結全球衛星定位系統（Global Positioning System，GPS）的裝置讓我們能夠四處遨遊，不必費心記路，也無須動用千百年來導引人類尋路的認知官能。本書意不在規勸大家屏棄智慧型手機，但提供了許多建議，以利人們在不損害認知健康的前提下運用衛星導航科技。

本書開章敘述人類尋路的早期歷史及人類祖先用於與地域互動的系統。第二章探討人類如何發展這些技能；兒童是天生的探險家，但到了現代往往並非如此，這意味著孩子們的活動範圍普遍上比祖父母那一輩要小得多。第三章探究大腦空間系統與負責製作認知地圖的細胞的內部運作，引領讀者初步認識先進的空間神經科學技術。第四章論述空間與大腦記憶的緊密關聯，以及仰賴其運作的許多認知功能。

接續的兩個章節檢視人們找路時運用的各種心理策略，洞察為何某些人比別人更會認路。第七章敘述歷史上偉大導航者的故事，試圖理解他們的方向感如此出色的原因。接著下一章將探索心理層面，並透過近年發生的一齣悲劇回過頭來瞭解人為何會迷路，以及當下的生理與心理運作。

說到迷路，一般人的腦中會浮現茂密蓊鬱的森林與杳無人跡的小徑，但如第九章所述，人在四通八達的都市裡也經常迷路，尤其是規畫欠佳的市鎮。第十章探討一些人到了老年罹患失智症，失去了地域感與發現眼前的世界不再熟悉後，生活變成什麼樣子。最後，我們將省思ＧＰＳ裝置對人類的空間能力造成哪些影響，以及如何運用與生俱來的導航能力預防認知能力的衰退。

本書集眾人的點滴經歷為大成：搜救隊志工、心理學家、人類學家、神經科學家、動物行為專家、心理地理學家、玻里尼西亞的水手、美國陸軍遊騎兵、英國地形測量局的製圖師、定向越野賽的冠軍、地圖測繪師、建築師、都市規畫師、尋路設計師、阿茲海默症病患、二十世紀初的飛行員及現代探險家。他們各自藉由不同的方式，拓展了有關人類如何與世界互動的知識。

人們對於迷路的深惡痛絕，凸顯了知道自己身在何處對我們而言有多重要。阿茲海默症患者經常感到沮喪抑鬱的一個原因在於，腦中的認知地圖全面崩解；他們在任何地方都茫然無措，甚至在自己家裡也會迷路。我的祖母生前最後幾週飽受失智症所苦，不斷問著：「我在這裡嗎？」我曾好奇這話是什麼意思。這個問題有幾種可能的含義，最顯而易見的一種是，想知道自己是否在地圖上或心中認為的某個地點。然而，我們在一個地方的經驗，永遠無法透過座標或大腦空間神經元的放電模式來解釋；如果你能說出關於那個地方的故事或記得如何到達那裡，才算真的知道自己所在何處。最後，我認為祖母想知道的，其實是自己在那個房間經歷過什麼，或許還有自己是否存在。從許多角度而言，這是一個終極問題，也是每個人在生命中某個時間點會提出的疑問。我在這裡嗎？我們都希望如此。畢竟，還有什麼比這更重要？

# 第一章 第一批找路人

●從非洲起步的智人
●在內心繪製地圖的祖先
●地名的由來
●地名的功用
●找路的本能

## 從非洲起步的智人

距今約七萬五千年前，一群智人離開了生長的非洲，跨越紅海南端的曼德海峽，沿阿拉伯半島的海岸線往東走。他們踏上這段旅程的動機不為人知，途中為何並未停下腳步、像其他人種一樣落腳某處，至今也仍是個謎，畢竟，他們不可能想像得到最後的結果。在接下來的六萬年裡，這群智人的後代艱苦跋涉，一路披荊斬棘地到了東邊的東南亞大陸，橫越阿拉夫拉海抵達澳洲，向北穿越中東地區後進入中國與中亞大草原，往西渡過博斯普魯斯海峽，再沿著多瑙河河谷深入歐洲，最後經由陸橋從西伯利亞到了美國與經常遭受颶風侵襲的南部地區。從那時起，他們設法適應各種環境與蓬勃發展，而這些挑戰遠比非洲祖先所面臨的還要艱難，諸如草木叢生的雨林、偏遠的島嶼、荒涼不毛的北極圈與群山環繞的青藏高原。除了走遍地球上遙遠的彼端，他們還冒險奔向四十多萬公里之外的月球與其他星球。自現在起不出數十年，他們的後代或許可以踏上距離地球千萬里遠的某個星球。踏出非洲的那些渺小足跡譜成了一首永恆的史詩，傳唱至今①。

非洲以外的所有人口均起源於那群四處遷徙的智人，雖然他們並非第一批探險者。智人跨越紅海之際，歐洲與亞洲大部分地區已住有尼安德特人與丹尼索瓦人（Denisovan）等其他人種，他們的祖先早在近兩百萬年前便離開了非洲。尼安德特人的分布區域廣大，從哈薩克到威爾斯、地中海東部到西班牙皆是，但他們不像近親智人那樣浪性堅強，到達某處山脈或水域時，並未繼續前進或建造船隻航向他方，而是長期定居該地。

在三十五萬至十五萬年前人類演化的那段期間，智人發展出探險的渴望與尋路精神，使我們有別於其他人種。這對人類的未來影響甚遠。近代人類學最令人玩味的概念之一是，導航能力是人類物種繁盛的關鍵，因為這讓我們得以建立廣泛的社交網絡。在史前時代，人們的生活以小型家庭為單位，大部分時間都在覓食與尋找住所，與其他族群交流資源的所在地與掠食者的動靜，讓我們擁有演化上的優勢。朋友是生存的資產。如果食物吃光了，你知道要向誰求助；假使捕獵時需要幫忙，也有救兵可搬。

演化生物學家認為，這種社交性驅動了複雜大腦的進化。所有早期的人類物種都是群居動物，相較於多數哺乳類動物獨來獨往的傾向，更偏好熱鬧的集體行動。作為社會

①此處所述的智人遷徙年代純屬推測，精確的時間軸眾說紛紜。

化程度最高的人種，智人從這個特性獲益良多，得以與居住在遠方的族群交流來往。化石證據顯示，早在十三萬年前，人類祖先便經常跋涉近兩百五十公里，互通有無、分享食物，當然還有聊八卦與訴說生活中的大小事。不同於尼安德特人，智人的社交圈遠遠超乎家庭之外。你要知道，牢記所有人際連結，包括親疏遠近、朋友們彼此的關係與居住的地點，可是需要一定程度的資訊處理能力。

尋路的技能也不可或缺。想像一下，在舊石器時代要維繫方圓數十或數百里的社交圈是多麼困難的一件事。你沒有通訊軟體可以詢問朋友身在何方，必須出門親自探訪、回想上次是在何處見面或設想他們可能去了哪裡。就此而言，你需要導航技能、空間意識、方向感、在心中記憶各處地景的坐落地點，以及外出巡遊的動力。加拿大人類學家亞莉安娜・伯克（Ariane Burke）認為，遠古人類在發展這些特性的同時，也試圖與鄰近地區的同類保持聯絡。最終，人類的大腦發展了尋路的能力。在此同時，尼安德特人活動範圍狹小，從未培養出空間技能；儘管狩獵技術高超、耐受酷寒氣候與視力敏銳，他們在智人移居歐洲的數萬年內便絕種了（連同其他人種）。在荒野遍布的史前時代，沒什麼比朋友圈更有用了。

伯克表示，考古證據指出，早期的現代人類具有廣大的社交網絡。「廣泛的社交圈是人類文化的要素，」她從蒙特婁大學的辦公室來電解釋，「別忘了，舊石器時代存在的人類相對稀少。這樣的環境促使人們探索更廣闊的地域。廣大社交圈的維持，是確保生命存續的一種方式。你得不斷重繪認知地圖，持續更新朋友的近況及他們提供的地域資訊。考古紀錄顯示，當時尼安德特人也開始發展這些技能，原因可能是為了消除其他人類競爭所導致的額外壓力，但我猜他們最終難逃滅絕，是因為能力不足、為時已晚。」

## 在內心繪製地圖的祖先

為了探究早期人類生活的面貌，人類學家研究了少數至今依然仿效先人以狩獵採集維生的民族，例如巴拉圭東部的阿奇族（Aché）與南非卡拉哈里沙漠的坤族人（!Kung）②。在他們如今仍能恣意漫遊的地區，數萬年來的生活模式並無太大變化。在雨林中，阿奇族通常一天會花七到八個小時獵捕犰狳或鹿、採集水果與蜂蜜、移動營地、開闢小徑或步行前去探訪鄰近部族的營區。坤族人同樣也經常四處遷移，不論是尋

②「!Kung」裡的驚嘆號代表一種英文裡沒有的音素（phoneme），為一種由舌頭與上顎發出的爆裂音。

找水源、採集莓果與植物塊莖、在「堅持不懈的狩獵」中追捕野鹿或受傷的動物，這項活動會持續數天，而且需要高超的技能。對坤族人與阿奇族而言，走幾公里的路到另一個部落交流資訊，是稀鬆平常的事情，但比起委內瑞拉的希維族（Hiwi）就沒什麼了不起了。希維族會夜以繼日步行近百里造訪鄰近村落，待個幾小時後又再走路回家。

若想在舊石器時代的這種巡行生活中存活，你必須知道自己身在何處與要去何方。你必須能夠在從未到過的土地上步行數日，越過草原、森林與山巒，搜索食物、獵捕動物或與遠鄰圍著營火談天。旅途中，你必須隨時辨認回家的方向，因為做不到的人通常都會死在半路。其他空間特性也有幫助，譬如在腦中的地圖記憶食物與藥用植物的分布區域，以及熊穴、溪流與隱蔽處等重要地標的位置。萬一迷路了，後果可能不堪設想。當時歐洲鄉野的地貌遠比今日富有異國風情：茂密森林的樹叢中潛伏著穴獅、棕熊、豹、斑鬣狗、狼與劍齒虎，而附近可沒有其他人類能為你帶路。

人類祖先想必都具備這些技能，否則他們便活不久或到不了很遠的地方。人類從一開始就是尋路人；巡航與空間意識可說原本就存在我們的遺傳基因裡。「我認為史前人類一定是尋路專家，」伯克說，「他們機動性很高。」也許還借助了手邊的所有工具。非洲與近東多處石器時代遺址出土的串珠除了裝飾用途，也可能用來計算距離，其概念類似今日登山家與軍隊用來計步的數步珠。一些狩獵採集者在長途旅行之前會在木杖刻上凹痕以記憶重要的地標與景色，意義類似抽象的地圖。美國陸軍上校理查・道奇（Richard Dodge）鉅細靡遺地記錄了十九世紀美洲原住民習俗，他曾聽說科曼奇族（Comanche）有一個由青年與男孩組成的突擊隊，從德州跋涉近六百五十公里到從未去過的墨西哥竊取馬匹，「途中全靠牢記那些木杖所刻的資訊來認路」。

當你努力認路，心理意象（mental imagery，又稱「心像」）就跟科技一樣實用，而早期的人類似乎也擅長建立心像。深諳巡遊不同文化之道的二十世紀飛行員與領航人哈洛德・蓋蒂（Harold Gatty）發現，他所研究的原住民都利用同一種方式探索陌生地域。如同希臘神話中忒修斯（Theseus）獵捕牛頭人身的怪物米諾陶（Minotaur），他們大膽進入未知的地域時，會想像自己身上有一條線與基地相連，正如一名澳洲原住民所述：

> 一開始我不會走太遠；我會走一段路就回來，然後往另一個方向走一段又回來，之後再換另一個方向。我慢慢知道每個方向的路長怎樣，之後就算去很遠的地方也不會迷路。

有了這樣一套系統，要迷路也難。

## 地名的由來

一九六〇年，我的祖父母買下位於蘇格蘭高地南緣的格蘭屏山脈的一座綿羊農場，那兒的鄉間就跟不列顛群島的所有農村一樣荒無人煙且原始。農場的北邊、東邊與西邊為濕草原所環繞，更外圍是一望無際的石南屬沼地，一旁為地勢險峻的山脈，迎風的峰頂在冬季除了覓食的野兔與老鷹之外，鮮有生氣、肅穆寂靜。如果你在寒風刺骨的天氣探訪，會感覺自己彷彿是第一個踏足這些山野的人，然而，此處的格蘭屏山區的農業聚落已存在數千年之久。那些居民也留下了印記——與其說是在實際的自然景觀中，倒不如說是腦中的地圖。

從高聳的山峰到不起眼的小丘，祖父母經營的農場周圍幾乎每一處特色地貌都有自己的名字。那些地名出自蓋爾語（Gaelic），一種在當地逐漸式微已達兩個世紀的語言，其中一些詞彙仍殘留匹克特語（Pictish）的元素，這種語言為鐵器時代③與西元十世紀之間蘇格南東部與北部居民（他們絕對不是當地的第一批定居者）所使用，如今已不復存。那些名稱詳盡描述了地理特色且符合所在位置：在錯綜複雜的地域中，這些尋路指標的目的是防止迷路。

舉例來說，如果你從在蓋爾語中名為「Invergeldie」（意指「波光粼粼的溪流之匯合處」）的農場朝西北方走，沿著舊有的牛徑往上到沼澤，便可抵達「Creag nan Eun」，即「鳥之岩」，那兒至今仍是禿鷲、烏鴉與隼最愛的築巢地點。往前一、兩公里附近便是「大黑丘」（Meall Dubh Mor），與之相交的則是「Allt Ruadh」，意即「紅色小溪」（取其瀑布下方岩石的顏色為名）。往前直走會看到「Tom a' Chomhstri」，也就是「戰鬥的山丘」（當代的文化文獻同樣具有參考價值）——往上爬一點點便是「Meall nan Oighreag」，「野生黃梅之丘」（今日依然有果實生長）。最後，隨著小徑攀上懸崖的最高點，你會看到「Tom a' Mhoraire」，即「上帝之丘」，從那裡可俯瞰白草密布的山谷（Fin Glen），地勢自該處陡然而下，從泰湖（Loch Tay）一路延伸至西北部地區。

歷史學家認為，呈現地形特徵的名稱——地理學上即為「地名」——為早期移居者提供了一套地理座標參考系統，即現今採用的經度、緯度之前身。描述性名稱可創造心

③約西元前一百年。

像，例如，當你看到實景，便會知道那是「圓丘上綠草如茵的高地」（蓋爾語作Funtulich）。一系列的地名構成一連串的方向，因此你只要熟記地名，就能展開旅程。

地景命名是一項古老的慣例。英國沿用至今的許多地名均源自五世紀。今日伊拉克境內美索不達米亞平原南部有數條河流名稱的起源，據信早於西元前三千一百年蘇美爾人（Sumerian）的文字發明。人類定義與表達地景特色的歷史，很可能跟語言的存在一樣久遠。事實上，如後面章節所述，一些科學家相信語言正是為了這個目的演化而來：供人類分享環境的相關資訊，譬如食物資源的所在地及前往的路線。這個論點頗耐人尋味：人類最初開口說話，可能是為了描述方向或遠處山谷的面貌。

都市化抹滅了許多古代地名，但它們依然留存於偏遠的農村地區與如今最貼近過往狩獵採集生活的原民遊牧文化中。在這些地區，每一處土地或水源都有名字。在地名野外指南《地標》（*Landmarks*）一書中，羅伯特・麥克法蘭（Robert Macfarlane）詳述了語言學家理查・考克斯（Richard Cox）的研究，他在九〇年代移居卡洛韋，外赫布里底群島的路易斯島西岸一處農場與村鎮散落的地區，目的是記錄當地的蓋爾語地名。他在面積不到一百五十五平方公里的土地上蒐集了三千多個地名。其中許多都明確而具體；例如，麥克法蘭提到，考克斯的地名選集包含了指涉高地與斷崖的二十多個詞彙，用法依地形的海拔高度與陡峭程度而有所不同。

分布於北加拿大、阿拉斯加與格陵蘭的半遊牧原住民因紐特人（Inuit），跟赫布里底群島的原民一樣熱中勾勒地貌。探險家喬治．法蘭西斯．里昂（George Francis Lyon）在探尋西北航道的旅程中，於一八二二年穿越加拿大北極區的伊格盧利克村莊時注意到，「每一處小溪、湖泊、海灣、海岬或島嶼都有名字，就連某些石堆也是」。《努拿維克④因紐特地名詞典》（*Gazetteer of Inuit Place Names in Nunavik*）收錄了近八千筆資料。

在外人眼裡，北極圈的景色也許單調乏味，但因紐特人發想的地名（許多流傳數世紀之久）極其豐富而精確地描述了地形特徵，成為十分寶貴的尋路工具。其中一些指明外露岩層的形狀，一些代表河流或地方風的特性，一些則指涉世代以來先人在該處的事蹟。例如，巴芬島的南端可見「Nuluujaak」（意指「形似屁股的兩座島嶼」），地貌極具特色，很難錯過。沿著海岸線往上看到「Qumanguaq」（「聳肩的山丘」，意指沒有山頸）時，你可以清楚知道自己身在何處。從那兒東行數里，可見「Qaumajualuk」，意思是「底部閃閃發亮的湖泊」——湖景獨樹一格。這種命名法與第一批抵達美洲的歐洲探

④ 加拿大魁北克省（Quebec）一處幅員遼闊、罕無人煙的苔原區，其人口的百分之九十是因紐特人。

險家所採用的方式截然不同，這些探險家們的命名靈感大多來自朋友、贊助者或祖國名人的名字，而非當地的地貌或文化。里昂在一八二三年繪製的航海圖充滿了帝國主義的色彩，由切斯特菲爾德灣（Chesterfield Inlet，因紐特人稱之為「Igluligaarjuk」，意指「屋舍零落的地方」）與詹姆士爵士蘭開斯特海峽（Sir James Lancaster Sound，因紐特人稱之為「Tallurutiup Imanga」，即「水域環繞的陸地形似一張臉，下巴處有刺青」）。這樣的地名肯定會讓手邊沒有導航工具的人一頭霧水。

地名形成的網絡，讓人們得以在容易迷途的地域中清楚識別方位。阿根廷人類學家克勞迪奧．阿波塔（Claudio Aporta）二十年來致力記錄加拿大北極區因紐特人的地理知識。他還記得與一名獵人一同在伊格盧利克附近巡遊，對方試圖找尋二十五年前與叔叔一起設下的七處狐狸陷阱。那些陷阱表面積了厚厚一層雪，散落在面積近十三平方公里的範圍，但在沒有地圖的情況下，他不出兩小時就全找到了。在阿波塔看來，那個地區「景色平凡無奇」——這時他才剛展開研究計畫，在極圈待沒多久。對於經驗老到的因紐特旅人而言，這片雪景充滿了重要的地方，而那些地名經口述代代相傳。他們將地名烙印在記憶裡，因而得以在心中描繪地圖，沿著那些在春天雪融或冬天暴風雪覆蓋大地時消失無蹤的小徑踏上旅途。

阿波塔對這些路徑與因紐特人記憶路線的方式感到著迷。在近期研究中，他利用GPS科技與Google Earth（Google地球應用程式）匯編一套地名與小徑的地圖集，範圍含括了加拿大北極區東部與中部的海洋、冰川與開放水域，之後可能再納入拉布拉多（Labrador）與格陵蘭。我到他在新斯科細亞戴爾豪斯大學的辦公室拜訪時，看見桌上擺著地圖集的副本。那看來宛如一件藝術品（一條條流線在各式各樣的地景上錯綜交織），而且在蒙特婁一間藝廊展出。他說，那代表著「空間的敘述」。其中描繪的路徑牽起了因紐特人與鄰近居民還有狩獵捕魚場域之間的連結。它們既是社交網絡，也是旅行座標系統，時刻提醒因紐特人與其他原民族群，旅歷的重要性。阿波塔寫道：

> 踏上第一段旅程，在某種意義上就像展開生命，生活與移動都是這段旅程的一部分，生命在沿途的路徑中綻放光彩。我們從小開始吸收不計其數的地理與環境資訊，透過實際或想像的旅行感受每一寸土地，在這樣的過程中也發展出了社群意識。

阿波塔一直以來致力在地圖上標示因紐特地名的一個原因是，他們的口述傳統已開始窒礙難行，因為後代不再傳承那些知識。由於因紐特人在一九五〇年代晚期至一九六〇年代轉為永久定居的生活模式，因此旅行的路途縮短，頻率也降低了。雪地摩托車取代了雪橇，讓人們交流與觀察的時間變少了。GPS科技鼓勵旅人們採取更直達、更有別於傳統的路線。舊有的道路正逐漸消逝。儘管如此，大自然偶爾會提醒我們，那些路徑依然有用。在《北極圈的星空》（*The Arctic Sky*）中，因紐特文化專家約翰・麥當勞（John MacDonald）描述一個發生在一九九〇年代的故事，一群來自伊格盧利克的年輕獵人在暴風雪中迷路，耗盡了身上攜帶的汽油，被迫在海冰上紮營，等待天氣轉好。他們利用短波無線電求救，雖然認出了周圍一些地標，卻無法告訴救援者任何地名。經歷重重難關，他們最終獲救脫困，回到聚落後被長老們嚴厲訓斥了一頓。

## 地名的功用

對蘇格蘭高沼地、北極圈與其他原始地區的居民而言，為地貌取名是一種生存策略。這幫助他們找到了食物、用水、朋友及回家的路。從群落的地名可看出當地居民重視的事物。在阿波塔於伊格盧利克所記載的五百五十個地名中，有百分之六十五描述海洋或海岸的特徵，而這些地帶是大部分傳統因紐特飲食的來源。因紐特人在北極圈的夥伴阿留申人（Aleuts）——分布於阿拉斯加半島往北太平洋延伸的一系列島嶼上——經常巡遊與捕魚的沿岸地區遍布了許多不同類型的小河、溪流、池塘、湖泊與溪澗，而他們幫這些地景取了數百個名字，但幾乎沒有為內陸地區難以到達的峰頂與火山命名⑤。果不其然，生活以水源為重心的沙漠居民描述取水地點的詞彙五花八門。一九三〇年代初期研究莫哈韋沙漠的南派尤特人（Southern Paiute）時，人類學家伊莎貝爾·凱莉（Isabel Kelly）觀察發現，他們取的多數地名（她一共蒐集了一千五百個左右）均用於描述泉水，涵蓋的細節極其明確，諸如紫柳附近的小型泉源（Purple Willow Small Water）、一旁有成列柳樹的水源（Willow Standing in a Row Water Comes Out）、三角葉楊圍繞的水源（Willow Standing in a Row Water Comes Out）及熔岩寒水處兔徑盡頭的水源（On the End of Lava Water Rabbit Trail Water Comes Out）等。

地名的功用遠遠不只作為描述性標記與尋路導引而已，它們還承載居民對於土地的情感，並刻劃了居民的生活足跡。阿波塔表示，因紐特地名之所以容易記憶，除了因為

---

⑤ 今日只有少數島民仍使用阿留申語。

指涉容易辨認的地貌，也在於「牽涉了許多故事，這些故事讓人們建立與重新打造對於特定地域的歸屬感」。巴芬島上有一個地方名為「Pigaarviit」，譯為「可以盡情熬夜（享受漫漫春季時光）的地方」，另一處名為「Puukammalutalik」，意指「有人留了一個小袋子的地方」。在這種描繪方式下，就連平淡無奇的冰原也瞬間充滿家一般的溫暖氛圍。

人類祖先落腳的許多地方起初看似不適人居或環境險惡，然而，人們具有強烈的誘因將這些地方塑造成熟悉的環境，並創造它們的象徵意義。這種行為就如同基礎的生存本能，驅使人們為任何重要的地方賦予名字，這麼一來——套句因紐特人的說法——他們便能被「自身物品的氣味所環繞」。人類賦予地名的意義，反映出我們需要認識周遭的空間，需要探索與感受這個世界。地名有助於我們確定此刻的方向，或許甚至還能想像未來。

同樣重要的是，地名也能連結我們與過去。從事人類學研究的基斯・巴索（Keith Basso）致力鑽研亞利桑那州中部西阿帕契族（Western Apache）的文化傳統，據他觀察，鮮明生動的地名讓他們得以想像自己站在當年為地景命名的先人曾涉足之處。在《智慧在地方》（*Wisdom Sits in Places*）中，巴索精湛地描述西阿帕契族對於地景的理解，他站在「Goshtl'ish Tú Bil Sikáné」（開放的容器裡混雜泥土的水）、「T'iis Ts'ósé Bil

Naagolgaiyé」（修長的三角葉楊樹圍繞而成的環形空地）與「Kailbáyé Bil Naagozwodé」（彎成弧形的灰柳樹）前面，「耳朵與眼睛都陶醉不已」。這些「精雕細琢的地名特色顯著、栩栩如生，而且能夠喚起想像力，將先人的聲音渲染得饒富詩意」，他寫道。還有什麼方式比在腦海中重現先人的精神，更能馴化荒野？

## 找路的本能

我們欠缺找路的先人以及讓人類得以在世界各處落地生根的空間技能甚多。人們很容易遺忘這一點。在這個時代，我們可以旅歷世界各地，而無須真正知道自己要去何方。多數人過著定居的生活，免於面臨掠食者的恐懼，或者不必持續尋覓食物與水源。我們不像先人那樣需要地名。

然而，我們仍流著尋路人的血液，也都具備探索周遭世界所需的認知能力。實際的環境影響著我們的行為與情緒：我們會自然而然地趨向最熟悉的家與鄰里，選擇象徵性地標以遊行示威（解放廣場、天安門廣場、特拉法加廣場），將自己的姓名刻在樹木、岩石與建築物上。人類大幅改變了地球大部分的面貌，但我們的基本定居模式——由道路與鐵路連結而成的市中心——與新石器時代（聚落由路徑交織而成）或舊石器時代（營地由各式各樣的小徑組成）並無太多差別。人類與地球在某些方面的互動至今變動不大：甚至到了今日，人們依然會在小徑旁疊石堆，以便其他旅人在荒野中認路，這個慣例可能已存在千年之久。

我們骨子裡是探險家，而與生俱來的空間能力是我們作為人類所不可或缺的東西，不論你相信與否，生在現代的我們儘管如此依賴GPS導航，仍具有這種本能。下一章將探索這些技能如何隨個體的成長而發展。孩子天生具有冒險精神，但他們並非一直都能自由地追求心之所向。我們將瞭解年幼時四處探索與拓展生活圈的程度，深刻影響了我們長大後成為什麼樣的人。

第二章

# 漫遊的權利

● 兒童漫遊研究的起始
● 向四處遊走探索的兒童
● 漫遊機會的減少
● 童年自由玩耍的影響
● 兒童是天生的浪遊者
● 發展中的找路能力
● 培養兒童探索的意願
● 從小養成的尋路人——維多．格雷格
● 兒童漫遊研究的成果

## 兒童漫遊研究的起始

約在三十年前，艾德蒙頓阿爾伯塔大學心理學家艾德．康乃爾（Ed Cornell）接到警方打來的電話，他們正在尋找一名九歲男童。那個男孩幾天前在鄉下一處露營地失蹤，從他的足跡判斷，他可能朝數公里外的一座沼澤走去了。電話中，那位警官問：一個九歲的孩子能走多遠？

康乃爾與同事唐納德．希斯（Donald Heth）研究尋路行為已有數年，因此他們是警方求助的不二人選。但是，當他們開始細想，才意識到自己——應該說是任何人——對走失兒童知之甚少，包含他們的行為、選擇的路線、認路的地標及移動的距離。康乃爾與希斯迅速翻閱了相關文獻，將他們知道的一切都跟警方說。「對方的回應讓我們感到羞愧，」之後兩人在著作中寫道，「『嗯，資訊不夠多。不過沒關係，我們會找一位靈媒來幫忙。』」

不久後，康乃爾與希斯展開一項史無前例的實驗。他們與一百名兒童的家長聯絡，這些孩子的年紀介於三至十三歲之間，住在大學附近的牧地周圍。他們徵得所有人同意後，分別請每個孩子帶路到之前獨自離家去過最遠的地方。研究人員跟在孩子後面，觀察他們做了什麼、記下路線並量測距離。一路上那些兒童全權決定自己的行動，他們可以隨時休息、回家或打電話給父母。這是第一次有人從科學角度檢視兒童如何在空間中巡行。實驗結果不僅提高了找回走失兒童的可能性，也改變了人們對於孩童如何與空間互動及認識世界的理解。康乃爾發現，孩子導航的方式與成年人不同。

## 向四處遊走探索的兒童

我花了一些時間調查艾德・康乃爾這位學者：他從學界退休後便移居懷特薩蒙，位於華盛頓州喀斯喀特山脈邊緣的哥倫比亞河的一座小鎮，在那裡擔任地方搜救隊的志工，持續致力尋找失蹤人口。九月下旬的一天早上，他跟我約在主要街道上一間餐館碰面，並帶我遊覽當地，包括少見的林木品種組合（雪松、橡樹、冷杉與鐵杉）、並列的牧場與葡萄園，還有從溫帶森林往東延伸轉為稀樹草原的廣闊景色。我們屢屢停下腳步，他向我說明地方生態的分界、多變的天氣，以及他曾在許多地方救援在自由牧地中迷路或受困陡峭峽谷的人們的經過。身為自然愛好者的他，對周遭環境的觀察力跟對於人類行為一樣敏銳——這項特質在搜救工作上非常實用，也有助於在學術上探究迷路的成因。

康乃爾與希斯針對漫遊兒童的研究得出了一些令人意外的結果。主要的發現是，兒童獨自漫遊時，移動的距離比任何人——尤其是他們的父母——以為的還要遠上許多，距離平均多了百分之二十二，其中一些案例更是高出兩到三倍。然而，真正令康乃爾感興趣的是孩童遊歷的**方式**。他們要求孩子們到之前去過最遠的地方時，這些小孩之中沒有任何人直接前往。那些孩童四處閒晃遊蕩（或如康乃爾說的「虛度光陰」），因為其他事物而分心，繞了好大一圈才到達。「我們跟他們到各個地方，」康乃爾回憶道，「孩子們口中的『捷徑』經過了購物中心、空曠且積雪的停車場，甚至還穿越正在舉行比賽的足球場。他們會爬上消防栓四處探看、踢散成堆的樹葉、丟石頭玩耍，或停下來看別人在後院烤肉。他們似乎依循本性而行，許多孩子也坦然承認自己偏離了熟悉的路線。一名兒童更是花了兩個多小時才到達目的地。」

但願這有讓你想起童年時光。這種漫無目的、偶然發現未知事物的遊走，正是兒童發展空間理解的方式，假如持之以恆，還能建立尋路的自信。這是一種生存策略：想認識這個世界，就得能夠恣意徜徉其中。每個人天生都是衝動的探險家。康乃爾記得自己小時候也是如此，他表示，強烈的探索欲望屬於人類處境的一部分：「想探索未知，就得尋找祕密路徑、挖掘一些只有自己知道的地方，諸如祕密基地和通往洞穴的捷徑等，孩子都喜歡這種東西。這種行為能幫助他們探索認知、記憶與靠地標認路等所有事情。」兒童不只能發現大人不知道的地方，也亟欲一探究竟。羅伯特・麥克法蘭在《地標》裡講述童年地誌的一個章節中指出，對幼兒來說，「大自然處處都是有待開啟的門，……他們每踏出搖搖晃晃的一步，就打開了一扇門」。他接著寫道：

樹幹上的凹洞是城堡的大門，乾土堆裡的螞蟻窩可通往世界的另一端，樹枝堆成的洞窟就像一座皇宮，水坑是通往海底世界的門戶。對三、四歲的兒童而言，「地貌」不是背景或壁紙，而是充滿了機會與構造多變的媒介。……我們習以為常的「地方」，在孩子們眼中充滿了各式各樣的夢境、奇幻與物質。

大約在康乃爾與希斯展開研究之際，紐約市立大學地理學家羅傑・哈特（Roger Hart）正進行為期兩年的一項研究，對象是新英格蘭鄉村一座無名小鎮的兒童們。當地住有八十六名兒童，他從旁觀察他們並逐一訪談。哈特的研究揉合了地理學與心理學：

他想瞭解這些孩子如何探索鄰近的街道、花園、田野與路徑，以及這對他們的思考與行為有何影響。他提出最歷久不衰的一項見解是，兒童喜歡四處巡遊，一如他們也喜歡待在那些地方。「他們的認知中通常沒有『那裡』，他們就是不停探索。」他在論文中寫道。孩子們興高采烈地分享新發現的路徑與捷徑；他們往往將這些當作寶藏拚命使用。勵志大師總是提醒人們，旅途比目的地來得重要。孩子不需要這樣的教誨：對他們而言，旅途就是一切。

## 漫遊機會的減少

如果哈特敘述的童年並未引起你的共鳴，那表示你有可能出生於一九七〇年代之後。事實上，過去四、五十年來，孩童到處漫遊的機會少了許多。數據如下：

- 孩子的「活動範圍」——他們獨自行動時獲准離家的移動距離，在過去二、三個世代以來大幅縮短，一些案例更少了超過九成。
- 在英格蘭，允許就讀小學的子女獨自到學校以外的地方的家長比例，從一九七一年的百分之九十四減少至二〇一〇年的百分之七。

• 七至十一歲的英國兒童只有不到四分之一經常在所在地區的戶外「自然地帶」玩耍，相較之下，他們的父母那一代則有四分之三的人口是如此；大多數的兒童都在家玩耍，而且有超過七成的孩子不論在哪裡玩耍都有人照看。

二〇一五年，雪菲爾大學研究人員採訪了三個世代的本地家庭，瞭解他們小時候漫遊的方式——學術上稱為「童年時期的空間面向」。在一個典型案例中，孩子的祖母生長於六〇年代，時常獨自步行數公里到地方的青年俱樂部與朋友見面；孩子的母親生於一九八〇年代，在父母允許下可以到離家半公里的商店逛逛；而這個十歲大的孩子可以獨自前往的地方，是與住家在同一條路上、距離僅一百公尺的朋友家。就這個家庭而言，活動範圍在僅僅三個世代裡就縮小了三十倍。這樣的變化相當劇烈，而且並不罕見。比起自己的父母，今日的兒童能夠探索的戶外場域較少，不只社交圈較小，一般也有人監督。他們的空間生活受到精心調控，而且大多聚焦室內。

這種轉變是怎麼發生的？有兩個因素似乎特別相關。第一個因素顯而易見，而且就在我們身邊，那就是交通。街上有太多的車子，太多飆車和漫不經心的駕駛。自一九五〇年起，英國的車流量增加了十倍。除非你家位於死巷，否則別想在自家外面玩耍，而家長們也不願讓孩子跨越馬路到任何地方去。實際上，在路上遭車輾斃的兒童人數隨著車流量增加而減少，但原因不是街道變得比較安全，而是不再有兒童走在路上。

對於兒童的行動自由而言，道路安全是一個關鍵而真切的問題。相較之下，兒童活動範圍受限的第二個主要因素幾乎可說完全是為人父母的想像。「提防陌生人」——認為街道、公園與遊樂場充滿了等著誘拐兒童的壞人的想法——讓許多家長相信，孩子待在家裡才安全。近期一項國際育兒調查發現，約有半數的受訪者表示，孩子遭人誘拐是他們最擔心的事情（比例從瑞典、中國與荷蘭的三成，到西班牙的六成都有）。少數駭人聽聞的兒童綁架、騷擾或謀殺案件受到媒體大肆渲染，是激起這種焦慮的主因：英國幾乎人人都聽過瑪德琳．麥卡恩、米莉．道勒或潔西卡．查普曼等被害兒童的名字，而在美國，亞當．沃許、潔西．杜加或伊莉莎白．斯馬特等慘遭不幸的兒童更是無人不知、無人不曉。

媒體對這類案件窮追不捨的行為，誇大了實際的威脅程度。二〇一六年，英格蘭與威爾斯有四名不到十六歲的兒童遭到陌生人殺害。過去二十年來，這類案件的數量沒有任何一年超過九起，某幾年更是掛零或只有一起。有鑑於對陌生人的恐懼影響兒童的自由甚大，我們必須從正確的角度來看待這件事。殘酷的真相是，兒童遭到認識的人殺害或傷害的可能性遠大於遭到陌生人的毒手，尤其是他們的親生父母或繼父繼母。據新罕布夏大學涉童犯罪研究中心主任大衛・芬克霍爾（David Finkelhor）估計，慘遭陌生人擄走的兒童占美國所有失蹤兒童的「百分之一」，而涉及兒童的攻擊、綁架與其他重大犯罪案件的數量自一九九〇年代初期已大幅下降。這些數據顯示，撇開交通不談，今日的兒童在住家附近的街道與邊陲地帶晃蕩所承受的風險，並不比他們的父母與祖父母或外祖父母來得大。

儘管實際如此，不允許孩子在美國某些地區獨自遊蕩，似乎已成為文化上的習慣。警方逮捕了一些讓孩子走路上學、在公園玩耍或獨自待在車上的人父人母，指控他們「讓未成年暴露在危險中」。在一項捍衛常識的行動中，猶他州於二〇一八年立法保護那些選擇「自由放養」的父母，承認讓孩子獨立有助於培養自給自足的能力。這是個好消息，但是，需要立法確保兒童可以一如既往地探索世界，聽來仍讓人覺得難以置信。

一些人將現代兒童活動範圍受限的事實歸咎於數位科技與社群媒體，而非繁忙的道路或對於犯罪案件的過度恐懼。如果孩子們可以窩在家舒舒服服地玩平板電腦、在通訊軟體上與朋友聊天打屁，或在社交平台上分享自拍照，又怎麼會想走出戶外呢？多數情況下，孩子們在網路上做的事情，就跟他們的上上一代小時候在街上或公園做的事一樣：遠離父母的監督，與朋友鬼混。然而，決定在數位空間做這些事，未必是他們的選擇。在二〇〇九年針對二十五個國家三千名七到十二歲兒童的一項調查中，多數的孩子表示寧願在戶外玩耍，此外有近九成透露自己喜歡與朋友一起玩勝過上網。很多時候，孩子們沒有選擇。現代社會讓他們很難面對面聚在一起，因此，他們會退而求其次也就不令人意外了。

兒童與戶外的世界缺乏接觸，幾乎必然意味著錯失成長的快樂。透過網路，他們也許能進行一定程度的社交、探索與漫遊，但考量精密的生理結構，人類依然是進化成需要四處巡遊的空間性生物。有些事情唯有透過與實體世界的互動——探測各個維度、敲敲每一扇門——才學得會。如果我們無法在好奇心最旺盛且最不受拘束的童年時期這麼做，也就不可能再有另一次機會了。

## 童年自由玩耍的影響

兒童從非結構性的自主玩樂時間可以獲得從空間有限、受到大人監督的遊戲時刻所得不到的哪些收穫？從進化論角度研究兒童發展且長期批判現代教育制度的美國心理學家彼得・格雷（Peter Gray）認為，他們從玩耍中學到的事情，是其他方式教不來的。他在《會玩才會學》一書中寫道：

> 自由玩耍的欠缺，就跟食物、空氣或水的缺乏一樣，不會剝奪生命，但會扼殺靈魂與妨礙心理成長。自由玩耍是孩子學習交朋友、克服恐懼、解決問題與掌控生活的途徑，……我們做再多事情、買再多玩具、付出再多的「寶貴時光」或讓孩子接受再多的特殊訓練，都彌補不了從他們身上剝奪的自由。

如你所料，「自由玩耍」教導孩子的事情之一是空間的意識與巡遊其中的信心，這些技能對於導航與尋路至關重要。心理學界蒐集了大量證據指出，獲父母允許可在外自由漫遊的孩子，比其他孩子更瞭解周遭環境，也更有方向感（這或許可解釋為何在農村長大的人們通常比都市人更會找路）。一項研究發現，經常在家鄉周圍晃蕩的八、九歲兒童比其他孩童更能詳細描繪地貌，展現超齡的空間認知。其他研究則顯示，自行走路上學的八至十一歲兒童比大人陪同或坐車上學的同儕更能精確描繪所在地區的地圖。這正是主動學習與被動學習的差異：去哪裡都有人載的孩子，永遠沒有機會獨立自主或描繪腦中地圖。他們不再是探險家。

空間意識與導航能力在很大程度上取決於自信。如果在陌生環境找路讓你感到焦慮，你會比較容易迷路，因為焦慮感會干擾決策能力（第八章將詳述）。相信自己有能力完成不熟悉的事情，也是一項挑戰。倘若你小時候很會在住家以外的地方巡遊，長大後你會發現，自己到哪裡都不會迷路，在任何未知環境中都能安然無恙。導航能力在童年時期最容易培養，因為隨著我們年紀漸長，越來越討厭冒險，要踏出第一步會越來越困難。

自由玩耍可減少我們產生空間焦慮的可能性，並讓我們更擅長尋路。兒時活動範圍備受局限的人，長大後特別容易在找路時感到焦慮。這點在女孩身上尤其明顯。基於各種原因，比起兒子，父母更傾向限制女兒的行動自由（在羅傑．哈特針對新英格蘭所做的研究中，鎮上的男孩們的活動距離比女孩們多了一倍）。為人父母者一直都是如此，而且通常不顧孩子們的身心健康。但如第六章將說明，這會對女孩們長大後的體驗與整體空間能力造成深遠影響，從而減少往後的生活機會。

## 兒童是天生的浪遊者

艾德．康乃爾開始研究走失兒童的行為不久後，驚訝地發現兒童在三、四歲之前根本不懂迷路是什麼意思。他們一心想著：「媽咪在哪裡？」「那正是你找到他們的時候會聽到的話。」他說道，「他們想到的不是自己在空間中迷失了方向，而是社會脈絡，也就是母親和姐妹等親人。」孩童不大會注意自己要去哪裡，這種傾向雖然使他們成為英勇的探險家，但也可能讓他們惹上麻煩。嬰兒或學步幼童很容易會跟著動物走進森林，或者受到景色或聲音所吸引而誤入歧途，完全不回頭查看或思考回來時應該怎麼走。

在接到九歲男孩在露營地走丟的報案電話後的一段時間後，加拿大警方向康乃爾與希斯請教一名出了自家後廊就走失的三歲男童的事情。令家長驚訝的是，那名男童在離家近一公里的牽引機停放場被尋獲，當時他正好奇地研究那台新得發亮的機器，遲遲不願回家。他的母親想知道他是怎麼走到那兒，因此隔天康乃爾與希斯請那名男童帶他們再走一次之前走過的路。男孩帶他們沿著人行道經過一座土堆，再穿過年久失修的圍籬到鞦韆遊戲區，在那裡逗留了一會兒，穿越一座小公園與一條街後便到了牽引機停放場。他原本沒有要去那兒，是路上遇到的一個又一個地方引導他走到那裡，而他非常滿意自己做的那些決定。他無疑也增進了自身的空間發展，康乃爾指出：「漫無目的與毫無顧忌的探索，往往可養成尋路的技能。」

倘若我們能夠偶爾回到肆意漫遊的那些日子，該有多美好。當然，我們可以借助手機的應用程式做到這件事。十九世紀有所謂的「浪遊者」（Flâneur），他們的目的就是漫無目的地四處遊蕩。到了現代，這種人自稱心理地理師，他們最喜歡在城市裡隨興漫遊，同時觀察所見所聞為自己帶來哪些影響。蕾貝卡．索爾尼特（Rebecca Solnit）寫作的《實地迷路指南》（*A Field Guide to Getting Lost*）頌揚人類與未知的關係，描述刻意讓自己迷失方向等於「充分存在，而若想實現充分存在，就必須能夠擁抱未知與神祕。……這是一種有意識的選擇，一種選擇性的屈服，一種可藉由地理學來達到的精神狀態」。

這聽來與幼兒時期非常類似。我們應該鼓勵孩子們好好把握這種機會，因為肆意遊蕩的天性約在四歲時即會受到抑制，這時他們會逐漸認知到自己是空間中的一個物體，存在的脈絡會從社會轉移到空間：我在這個房間裡，這個房間在這棟建築物裡，這棟建築物位於這個社區，這個社區在這座城市裡。這是他們生平第一次知道迷路是什麼意思，並對此懷抱深刻的恐懼。可追溯至一個多世紀前的一項調查顯示，孩子探索未知時，對於迷路的恐懼勝過一切。康乃爾的同事、也是迷途人士行為權威專家之一的肯尼斯・希爾（Kenneth Hill），對搜救專業人員提出了這樣的建議：

> 對四歲以上的兒童來說，迷路的恐懼會因為其他無數的恐懼而加深，導致他們驚恐不已與近乎失能。走失的兒童常常會躲避搜索員、不接他們的電話，看到搜救直升機到來時呆若木雞——這不只是因為他們從小被大人教導要遠離陌生人（如一般人認為），也因為在這種情況下，每一個陌生的刺激都會引發驚嚇。

希爾曾與走失三天的四歲男孩面談，當時大家都認為凶多吉少，結果他幸運被尋獲。那個男孩爬進了一個遮蔽處，待在那兒直到天氣好轉。希爾問他為何不早一點爬出來，他說，他看見「好幾隻獨眼怪獸在夜晚呼喚我的名字」。他躲起來，不讓戴有頭燈的搜救員找到。孩子看待世界的角度與我們不同，陌生的地方充滿了不確定性，但他們還是去了。他們控制不了探索的本能。

## 發展中的找路能力

隨著大腦的發育、認知功能的增進與活動範圍的擴展，兒童會逐漸發展空間意識，越來越擅長找路。他們一步步學習從不同觀點設想目標，從其他角度看待事情、認地方、指明地標、掌握方向、記憶路線，並進而理解不同路線的相互關聯。他們開始建構周遭環境的心理地圖，因而能夠抄捷徑。

在瑞士心理學家尚・皮亞傑（Jean Piaget）引領的傳統兒童發展觀點中，空間意識的形成分為幾個階段：例如，孩子得先瞭解地標是何物，才有辦法走捷徑，而在七歲之前，他們無法從自己以外的角度來想像一個場景。其他研究人員則認為，這個過程遠比他所想的還要多變。他們指出，許多五歲大的兒童已能解讀航空照與製作周遭環境的抽象模型（譬如用樂高積木堆建村莊），假使他們的觀點全然以自我為中心，是不可能做到的。由此可知，兒童是天生的地理學家，就如同他們生來就富有冒險精神一樣。

據研究兒童在現實世界環境中的行為舉止的心理學家們觀察，十歲大的孩子能夠理解環境中七歲大的孩子所無法理解的事情。舉例來說，在一九五七年，心理學家特倫斯・李（Terence Lee）指出，德文郡鄉村地區搭公車上學的六、七歲學童，在情緒與社交上難以適應學校生活，而走路上學的同齡兒童則沒有這種問題。他的理論受到近代研究的支持，主張這個年齡的孩子無法將搭車沿途所見與自己對於世界的空間表徵——即內在的圖像記憶——互相融合。學校與住家之間的連結遺失了，因此孩子無法測度自己與母親分離的程度。

然而，就連皮亞傑學派的心理學家也同意，年齡並非決定空間技能的唯一因素。雖然十三歲的兒童具備精通尋路所需的所有認知特性，但有些孩子的表現比其他同儕突出。到了這個階段，教養態度、行動自由、認知差異與生活經驗已開始留下痕跡，而且不曾止息。每個人出生時都是探險家，但很少有人保持那樣的精神。到了最後，我們壓抑純真的天性、成天忙著應付日常瑣事，一如以往選擇相同的路徑。加拿大心理學家所做的一項近期研究發現，百分之八十四的八歲兒童靠著仔細觀察周遭環境與描繪心理地圖來找路，這個所謂的「空間」策略也為幾乎所有稱職的成人領航員所採用。另一種策略較為封閉與「自我主義」，需要學習並依循一連串的轉向。在二十幾歲時採取這個方法來找路的人只有百分之四十六，六十幾歲時依然如此的人只有百分之三十九。看來，每個人起初都在空間中自由遨遊，但大多數的人最後步上了筆直又狹窄的道路。生活啊，它總有辦法折斷我們的羽翼。

## 培養兒童探索的意願

我們難以估量，活動範圍的受限在多大程度上影響兒童的空間能力與尋路技能，但有鑑於自由活動對於健康發展的重要性，這種限制有可能影響甚鉅。路上的車輛與日俱增，家長們對陌生人的恐懼（無論多麼缺乏事實根據）又難以消除，那麼，我們可以如何培養孩子的探索意願呢？

二〇〇二年，地理學家羅傑．哈特——一九七〇年代在新英格蘭進行的研究揭露了關於兒童喜歡抄捷徑的許多祕辛——發表了給紐約當局的一些建議。如同世界各地的城市，紐約成了一個對兒童越來越不友善的地方，很少有戶外場所可供他們安全遊玩。對此，市政府的回應始終是未來將興建更多的遊樂場。深知兒童如何與環境建立連結的哈特強烈反對這項政策，他主張，遊樂場是受限的環境，剝奪了孩子渴望的自發性。「遊樂場不只無法滿足兒童複雜的成長需求，」他寫道，「也往往將他們隔絕於社區的日常生活之外，而與社區的接觸，正是公民社會發展所不可或缺的元素。我們需要的……不是更封閉的遊樂場，而是盡更大努力讓鄰里成為安全自在的兒童遊戲環境，滿足他們在自家附近自由玩耍的需求。」

紐約市官員或許沒有把哈特的警告放在心上，但其他地區的許多居民卻不然。世界各地城市的社區團體與公民組織定期安排短暫封街，讓孩子們「在外玩耍」。在英國，玩樂英格蘭（Play England）與戶外玩耍（Playing Out）等慈善機構和社運團體與地方政府合作，協助策畫超過五百條街道的封街活動。這些行動受到兒童的熱烈歡迎。在布里斯托大學研究人員針對這類計畫進行的一項調查中，一名女孩描述自己參加活動時「感覺不需要擔心任何事情，只要開心玩耍就好」。另一名女孩表示，很高興能找到一個地方「可以跑跳、做任何想做的事情，沒有東西會傷害你，……我們不必隨時注意四周和小心陌生人」。

除了對空間發展的影響與讓兒童感到快樂之外，街道玩耍的活動也帶來了立即性的好處。最明顯可見的是，它們提高了孩子的活動量與降低體重過重的可能性。此外也在社交方面起了作用，讓孩子們有機會發現之前沒見過的其他兒童也住在同一條街上，進而更有意願到戶外玩耍。

在芬蘭，正規的學校教育直到兒童七歲才開始，許多幼稚園也致力推動自由玩耍，這意味著四到六歲的芬蘭兒童有大把時間都在泥土堆裡打滾與玩自己發明的幻想遊戲（他們最愛的其中一種是賣冰淇淋）。當地教育家認為，解決問題的能力、社交技能、衝動管理與認知彈性，在非結構性玩耍中最能有效習得，如果孩子們樂在其中，記憶也會最深刻。在芬蘭以外的國家，一些非傳統的私立學校〔如華德福—史代納（Waldorf-Steiner）與蒙特梭利（Montessori）等系統〕也採行類似的方式，鼓勵探索、空間意識與自我導向學習，而不是其他地方典型可見的指定科目、以考試為取向的日程安排。自由玩耍有助兒童發展並非僅是學者們一廂情願的想法，而是經過事實證明的結果。許多芬蘭兒童到了六歲還沒學會識字，但到了十五歲時，他們在數學、科學與閱讀方面的成績始終居世界之冠。一項近期研究也顯示，芬蘭孩童的導航能力傲視其他各國的同齡人口，而這也許並非巧合。

## 從小養成的尋路人——維多．格雷格

許多人都無法想像恣意漫遊的童年是什麼樣子。不久前，我在朋友的牽線下認識了對此經驗豐富的一個人。維多．格雷格（Victor Gregg）在二戰時期擔任前線部隊的步槍兵，我寫作本書之時，他已屆百歲高齡。他從小在倫敦國王十字區長大，大部分時間都在街道上玩耍，還有與朋友一起在城市裡閒晃。他在回憶錄《國王十字區長大的孩子》（*King's Cross Kid*）中描述，自己六、七歲時常常到離家數公里外的柯芬園或史密斯菲爾德幫母親跑腿，途中偶爾會偷偷穿越「治安差」的哈克尼或肖迪奇區，到比林斯蓋特（Billingsgate）的海鮮市場賒討一些魚肉，或往西邊到南肯辛頓逛逛博物館。「母親會切幾塊果醬三明治給我們，另外還有幾便士，以免回程車錢不夠，但我們總在路上經過的第一間糖果店就花光了。」他說，「以前的孩子都拿跑腿當藉口，好離開鼠患嚴重的家裡。」不用說也知道，格雷格的孫子女與曾孫子女都很幸運，可以獨自在外遊玩。

格雷格可說從小便培養出四處遊走的自信，不怕在陌生環境中迷路。這種能力對他在戰時被派駐利比亞沙漠的工作大有助益。對抗義大利軍隊與隆美爾（Rommel）率領的非洲軍團兩年後，他擔任遠程沙漠部隊醫療車助手。這支部隊負責在橫跨尼羅河谷與突尼西亞山脈之間數千公里沙漠的敵軍境內執行祕密偵查與戰鬥行動。格雷格的任務是將傷兵送回遠程沙漠部隊的基地，而這通常意味著他每次都得花兩、三天開著雪佛蘭卡車橫越沙漠，只靠一個羅盤、幾張地圖與北極星導航。他說，這聽來困難，實際上卻很容易，因為如果你知道訣竅，沙漠中處處都是可用來認路的特徵，譬如平行沙丘、土塚與旅人的腳印。「往北走會看到地中海，往南是大沙海，往東是回家的方向，往西會遇到德國軍隊。」他不認為自己有導航天賦，但他受過其他人求之不得的精良訓練，而這都要歸功於自由放養的童年。

## 兒童漫遊研究的成果

一九九六年，艾德．康乃爾接到一名正在尋找失蹤兒童的警察打來的電話。在此不久前，他與唐納德．希斯剛發表幼童漫遊模式的研究，其中包含了兒童最大移動距離、行走速度、可能的移動方向及其他變數等發現，可用於推估失蹤兒童的路徑。康乃爾認為，如今尋獲失蹤兒童的可能性，比他與希斯剛展開研究時要高得多。當初促使他們展開研究的那名失蹤兒童從未被尋獲，而這起悲劇至今依然令人心痛。在外漫遊的孩子遭遇不測的例子特別引人哀傷，因為他們其實只是在依循天生的本性而已：勘探、巡察，還有認識這個世界。

然而，那位警察帶來了好消息。他向康乃爾表示，搜救小組利用他與希斯發表的研究資料，順利尋獲了一名失蹤的三歲半男童，要是再晚個幾分鐘，那個男孩就會死於失溫。他們的研究協助拯救了那名男童的生命。「我又驚又喜，說不出話來。」康乃爾表示，「我在學術生涯中從未有過那種感受。」

本章帶大家瞭解，兒童天生具有探索傾向，倘若充分發展，長大後一定能成為富有自信的尋路人。現在，我們將深入探討大腦的運作以洞悉背後的原理：神經系統施了什麼魔法，使我們能夠辨別方向、記憶路線與建立地域感？近年來，神經科學家發現，有些特化細胞讓我們得以繪製周遭環境的「認知地圖」。這些細胞仍有許多奧祕待解，但它們無疑具有不同凡響的能耐：如果沒有它們，我們永遠都找不到路。

第三章

# 腦中地圖

- 探索未知的傾向
- 描繪認知地圖的位置細胞
- 空間邊界帶來的安全感
- 偵測邊緣的邊界細胞
- 提供方向感的頭向細胞
- 室內與室外的方向感——腦迴皮質
- 空間細胞之間的互動與合作
- 網格細胞的放電模式
- 測量距離與角度的網格細胞
- 認知地圖的基礎：網格細胞與位置細胞
- 加深導航記憶與規畫路線的認知重演
- 海馬迴與各式空間神經元的重要性

## 探索未知的傾向

在神經科學實驗室裡，研究人員大部分時間都在窺探老鼠的大腦，而他們選擇的食物（給老鼠吃，不是自己要吃的）是「維多滋」（Weetos）的巧克力口味脆麥圈。需要誘騙毛茸茸的實驗對象時，他們便會拿出這種食物。飢不擇食的老鼠一向會屈服，唯獨一次例外。

大鼠頭一次到陌生環境時，沒有任何食物能夠引起牠的欲望。好奇又害怕的牠會在新的地域四處嗅聞、爬牆探索，偶爾還會衝出界。比起填飽肚子，牠更急於巡遊這個空間。史特林大學行為神經科學家保羅・杜千科（Paul Dudchenko）研究動物如何探索空間，花了許多時間觀察大鼠走迷宮。「大鼠有恐新症——牠們不喜歡新的事物。」他表示，「但如果將牠們放在陌生環境裡——我們一直都這麼實驗——牠們很快就會開始一如以往地摸索四周，直到熟悉整個空間為止。」

大鼠的這種傾向一點都不獨特，幾乎所有的哺乳類動物到了陌生環境都會如此。如果你有養貓，可以試著帶牠到朋友家，觀察牠冷靜之後或進食之前如何偵察陌生的空間。人類也一樣能敏銳察覺未知。如先前所述，在大人的允許下，兒童會貪婪地四處探索。對人類與其他動物而言，認識從未到過的地方似乎非常重要。

何以如此？老鼠在探索迷宮時，大腦發生了什麼事？或者我們在陌生的城市裡漫遊時，大腦發生了什麼事？一個地方怎麼會起初讓人感覺陌生，最後卻像家一樣溫暖？數十年來，這類問題令神經科學家與心理學家深感著迷，尤其自一九七一年起，任教於倫敦大學學院解剖學系的約翰・歐基夫（John O'Keefe）與強納森・多斯特羅夫斯基（Jonathan Dostrovsky）發現，老鼠的大腦有一種神經細胞與以往學者所知道的任何細胞都不同。多數的神經細胞（或神經元）在接收動物體內發出的感覺資訊時會變得活躍——表示它們正傳送訊息至大腦其他部位。相較之下，這些細胞似乎能察覺動物在環境中的位置，並且在動物到了特定地方時才會活化。歐基夫將這些細胞稱為「位置細胞」，認為它們所屬的大腦區域（名為海馬迴〔hippocampus〕的海馬形狀構造）為老鼠提供了一套定位導航系統，或稱「認知地圖」，幫助牠記憶環境與游移其中。

自此之後，研究老鼠大腦的神經科學家又發現了數種與空間特別相關的神經元，包含有如內部羅盤一樣可感測牠們面向何處的頭向細胞、可標記位置的網格細胞，以及老鼠與牆壁或邊緣相隔一定距離時會觸發的邊界細胞。這些不同類型的空間細胞大多坐落於或緊鄰海馬迴，透過某種方式共同作用，讓動物知道自己位於何處，最重要的是，記得去過哪些地方。

這些細胞擷取的資訊可集結成認知地圖（如許多研究員所述），但這並不是傳統意義上的地圖：檢視腦中的海馬迴區域，你不會看到類似Google地圖、標示了你去過或記得的所有地方的東西。位置細胞、頭向細胞、網格細胞與邊界細胞聯手幫助我們建構外在世界的地圖，讓我們能夠利用那些知識成就不凡：倘若沒有它們，我們永遠找不到路。然而，這些細胞如何彙整資訊與產生記憶，仍然不明，這也是神經科學家們希望不久後就能解開的一個謎。

## 描繪認知地圖的位置細胞

空間認知的研究——大腦如何獲取與運用空間知識——已成為神經科學最活躍的領域之一，這有部分受惠於二〇一四年諾貝爾生理學或醫學獎的表揚，其中約翰・歐基夫以四十年的位置細胞研究獲得肯定，而梅—布里特・莫瑟（May-Britt Moser）與艾德華・莫瑟（Edvard Moser）夫婦①發現了網格細胞。另一部分則是因為該領域學問精深，技術難度高。

神經科學家很難得到道德上的認可，以在健康人類的大腦中置入微電極進行實驗，因此多數的空間神經元研究均利用大鼠或小鼠作為實驗對象，牠們的腦部構造與人類大腦的共通點遠超乎人們的想像。要將細如髮絲的微電極準確置入欲研究的大鼠腦部區域，需要不少技巧；待動完手術的動物甦醒後（需要數天），研究人員便可記錄個別神經元放電時出現的棘波，即動作電位（action potential）——在細胞回應資訊並將其傳遞至網絡時產生。換言之，他們能夠一窺掌管大鼠與外在環境互動的主機板。在歐基夫率先記錄大鼠海馬迴的位置細胞後，其他研究人員陸續在小鼠、兔子、蝙蝠、猴子及腦中置入微電極作為治療的癲癇症患者身上，觀測海馬迴的變化。結果發現，位置細胞始終扮演相同的角色。

為了釐清這些神經元的作用，我們來做一個思想實驗。請你想像自己是大鼠海馬迴的一個位置細胞，而這隻大鼠名為「Rat」。「Rat」進入從未到過的小房間並四處嗅探時，沒有任何事情發生。但當牠走到房間裡的特定位置，突然有一股電壓湧現，直到牠

① 兩人已於二〇一六年離異，但仍是研究夥伴。

繼續移動才消失。之後沉寂了一陣子，當「Rat」又走到那個特別的位置，電位再次出現變化。如果你觀察海馬迴中的其他位置細胞，便會發現類似的反應，只是觸發它們的位置各不相同；也就是說，每一個位置細胞的活化都有各自對應的地帶，或稱「場域」（place field）。

過了幾分鐘，「Rat」迅速穿越門口，進入另一個房間，然後一切都變了。場域變得不同，位置細胞也重新組織，產生不同的活化反應。「Rat」走進第三個房間時，一切又再次重組；但是這一次，「Rat」並未出現任何放電反應。現在，「Rat」感到飢餓並對麥片圈產生渴望，於是回到了第一個房間，而那裡的場域跟剛才造訪時一模一樣。可見「Rat」的大腦依循著某種邏輯運作，儘管規則不明。

以科學的語言來說：當動物第一次進入一個空間時，海馬迴中的位置細胞會隨著動物四處探索而形成獨特的組合，之後每當牠進入這個空間，就會再次觸發相同的組合，使每個位置細胞在牠走到之前對應的地點時放電；認知地圖藉由這個模式來讓動物知道自己重遊舊地。歐基夫發現，在一平方公尺大的盒子裡，一隻大鼠約需三十二個位置細胞在各個地點放電，才會對環境產生熟悉感。動物反覆造訪空間與觸發位置細胞放電順序的頻率越高，位置細胞之間的連結就越緊密，動物的記憶也會越深刻。位置細胞的不同組合——即不同地圖——代表了不同的空間。有時候，長期研究大鼠在迷宮裡腦部活動的神經科學家只要觀測其海馬迴中位置細胞的放電反應，就能以準確到公分差距內的數據指出大鼠的所在位置，可說是令人印象十分深刻的動物讀心術。

認知地圖不同於倫敦皇家地理學會或美國華盛頓特區國會圖書館館藏的那種地圖。海馬迴並未複製位置細胞的放電順序，這種反應只在動物處於相關空間時才會重現②。大腦一定將空間記憶儲存於某處，只是地點或形式不為人知。

海馬迴的位置細胞——相對於各自的場域——無疑一點也不像地圖：彼此相鄰的位置細胞所對應的地點未必相鄰，而大腦為位置細胞指定場域的方式似乎也相當隨機。除此之外，每當動物進入新的房間，位置細胞的整體序列便會重新洗牌——或者如神經科學家所謂的「重繪地圖」。目前還沒有人能預測，位置細胞在新的空間裡會如何組合或對應的場域會是哪裡。

「對我而言，位置細胞缺乏地形結構，一向是個棘手的問題。」約翰．歐基夫說，「我在解剖學系工作了一輩子。仔細觀察大腦新皮質裡掌管食指的細胞，你會發現它們

---

② 或者正如稍後所述，在動物想起或幻想身在該處的時候。

緊鄰掌管中指的細胞，這就表示，其中存在地形表徵。但有一種結構不是如此，也就是說，兩個位置細胞各自對應相鄰的場域，但彼此在海馬迴中的距離卻天差地遠，這個結構旨在作為地圖……但它又不算是地圖。」

一九九八年，歐基夫已故的同事羅伯特．穆勒（Robert Muller）觀測大鼠探索陌生空間時位置細胞的放電活動，證明了位置細胞對應場域的多變性質。之後他重設細胞，有效抹除了大鼠的空間記憶，並再次將牠放到同一個空間裡，觀察位置細胞是否出現相同的放電活動。結果不然，大鼠的認知地圖——即位置細胞的放電模式——與第一次截然不同。這不僅顯示大腦描繪地點的方式不可預測，也代表認知地圖並非預先決定。這背後或許有合理的生物因素，但也讓海馬迴作為地圖的概念有些令人費解。

自從歐基夫發現位置細胞以來，學界日益瞭解認知地圖的功能不只是呈現空間資訊而已。假設一隻大鼠在路徑上奔跑、轉彎然後又跑回來，去程的認知地圖與回程的地圖將有天壤之別。就此而言，認知地圖記錄的不只是路徑的地形，還有動物的移動方向。如後續將述，認知地圖捕捉了動物遊歷的許多面向（倘若路徑上有食物，或大鼠已相當熟悉路徑，則地圖將再次產生變動）。人類沒有認知地圖將無法生存，但沒有人知道它們究竟是何物。

## 空間邊界帶來的安全感

停下腳步，花個一分鐘思考物質空間：它到底是什麼？它真實嗎？它是否超出我們的感知範圍？如果答案是肯定的，如果感官是我們唯一的工具，那我們又能如何探索物質空間？數世紀來哲學家與物理學家為此爭論不休，至今依然沒有共識。無怪乎認知地圖的運作——海馬迴的抽象表徵如何轉化為幾何空間感——難倒了我們。如果解開了這個謎題，我們不僅能瞭解人類如何記憶從甲地到乙地的路徑，也能洞察物質世界的本質。

即使沒有人知道海馬迴如何建構地圖或認知地圖究竟為何，它們的重要性仍不容置疑。道理很簡單，如果位置細胞不會放電，大多時候我們並不知道自己身在何方。下一個問題是，海馬迴會對環境的哪些特徵做出回應——換言之，為什麼位置細胞只對某些地方產生反應？自歐基夫在一九七〇年代開始探究位置細胞以來，神經科學家發現，這些細胞對許多環境特徵很敏感，會隨著不同地標、物體、色彩、氣味與空間的幾何屬性而產生不同的活化反應。近年，學者們開始積極研究認知地圖中看似舉足輕重的一個特徵：空間邊界。

所有動物似乎都受邊界所吸引，之前提過實驗室裡沿著牆壁遊走的大鼠即為一例。貓出了名地喜歡箱子與有界限的空間，野鼠、野兔、獾與鹿則通常會沿著圍欄、灌木樹籬或森林邊緣覓食。人類也不例外：在大型的都市空間，例如倫敦的特拉法加廣場或巴黎羅浮宮的前庭，在外圍邊緣逗留的人數，比中間地帶來得多。在鄉村地區，搜救志工也會特別留意圍籬、溪流、壕溝、牆邊、渠道、橋塔下的廊道與森林邊緣，因為在這些地方最容易尋獲失蹤人口。

但是，為何如此？二十世紀的城市社運人士與作家珍．雅各布斯（Jane Jacobs）花了許多時間觀察紐約人的街頭行為，她發現：「我認為人們傾向走在路的兩邊，因為那是最有趣的地方。」安全也有很大的關係。在迷宮實驗中，匈牙利心理學家發現，心懷恐懼的人比其他人花更多時間在邊緣打轉，之後才敢冒險走到中間。他們建構認知地圖的時間也比一般人來得久，儘管其原因並不明確，有可能是他們探索空間的時間比較短暫，也可能是恐懼感擾亂了空間能力——許多心理學家與搜救專家都如此認為。

邊界讓我們在茫茫世界裡有所繫泊，帶來安全感，它們在定位方面也非常實用。一九八〇年代，薩塞克斯大學神經科學家肯恩．鄭（Ken Cheng）③發現迷路的大鼠在尋找其他線索（視覺地標或氣味等）之前，會根據所處箱子的幾何形狀（邊界的配置）試圖辨認自己的位置與食物的地點。鄭將幾隻大鼠放入其中一個壁面畫有白色條紋的黑色矩形箱子，並訓練牠們到特定的角落覓食。之後當他將這些老鼠放到另一個一模一樣的箱子時，牠們經常誤跑到放有食物角落的斜對角覓食，顯示牠們無視白色條紋的存在，而是根據幾何空間來辨別方位（在矩形箱子裡，每一個角落都有對角）。

從演化角度而言，動物依靠環境邊界來辨認方向完全說得通，因為邊界範圍廣大，而且不大會變動。然而，動物的大腦如何有效地將這些邊界資訊融入空間記憶——認知地圖呢？在早期實驗中，約翰．歐基夫注意到，場域與環境的幾何結構密不可分，這有助於解釋鄭所進行的實驗中迷路老鼠的行為。一九九六年，歐基夫與同事尼爾．伯吉斯（Neil Burgess）設計了一項實驗來測試這兩者的關聯。他們想知道，環境的形狀改變時，場域會出現什麼變化？他們將大鼠放在方形箱子裡，之後擴大其中一個面向的空間，讓箱子變成矩形。結果，大鼠的移動場域延伸到了箱子的壁面，也就是說，觸發位置細胞的地點除了箱子本身是方形時的左上角那一小塊，還多了延伸到壁面的一大塊形

③ 他目前任職於澳洲雪梨麥覺理大學。

似蠕蟲的區域。

這項發現改變了歐基夫、伯吉斯及同事們對位置細胞的看法。由於位置細胞的放電模式與環境幾何結構緊密相依，因此神經科學家推論，它們肯定有從某個地方接收邊界資訊（也許是負責計算動物與邊界的關係的另一種神經元），然後將資料傳送給位置細胞以利準確判定動物的位置。他們將這些想像中的神經元稱為「定界細胞」（boundary vector cell）。十三年後，也就是二〇〇九年，里茲大學神經科學家柯林．利弗（Colin Lever）④在大鼠腦中鄰近海馬迴、名為「下托」（subiculum）的區域找到了定界細胞。這項發現轟動學界：在科學領域中，很少有比預言成真還令人滿足的事。另一個好消息是，近年科學家也在人類大腦的下托區發現了定界細胞的存在。

## 偵測邊緣的邊界細胞

利弗發現的定界細胞（一般作「邊界細胞」），活動模式跟學界的推論相去不遠。一般而言，每當動物與某個方位的邊界隔有一定距離且處於特定方向，大腦下托區裡的邊界細胞就會開始活化。舉個例子，每次動物距離南北向邊界的東邊五公分時，腦中的邊界細胞「A」就會放電；距離東西向邊界的北邊二十公分時，邊界細胞「B」就會放電，依此類推⑤。因此，不同於只對某個點或某塊區域產生反應的位置細胞，這些細胞的放電軌跡呈線性條狀，就像沿著頁面邊緣活動一般：如果你走在一棟建築物的外圍，一路上大腦下托區的邊界細胞會保持活躍（回程也是如此，因為你面向何方對它們並無影響）。如果你走在離建築物遠一點的地方，就會換不同的細胞產生反應。

利弗與研究夥伴們還不確定這種細胞如何判別邊界方位，也不知道它們放電的時機怎能如此準確地對應動物與邊界的距離。邊界細胞獲取的方位資訊似乎來自頭向細胞（大腦的內部羅盤）——這種細胞也見於下托區（稍後將詳述）。至於偵測距離的方式，它們顯然對視覺刺激與碰觸（可能還有聲音）有反應，因為它們會在動物看見邊界時變得活躍。利弗認為，一些邊界細胞會在動物距離邊界數百公尺甚至數公里時放電（儘管對應的準確度較低），而正是這些長距離的標記，讓動物得以在田野或廣闊山谷等開放

---

④ 他目前任職於路易斯安那州杜蘭大學。

⑤ 這裡說的東、西、南、北指的是相對方位：大腦的空間細胞對基本方向並不敏感，但能明確察覺動物所處的空間結構。我們可以用上下的說法來表示南北向，用左右來表示東西向。重點在於各邊界的相對方位。

空間中遊走。

這衍生出了一個問題：對邊界細胞而言，邊界的定義是什麼？利弗認為，它可以是任何有礙導航的東西，但不需要特意避開。學界已知邊界細胞會回應垂直的壁面、山脊、斷崖與裂縫，但從人類與其他動物的導航行為看來，這些細胞還能察覺非常細微的線性特徵，例如地面顏色或質地的改變，或光影的邊緣。

雖然還有許多奧祕待解，但邊界與定義它們的神經元，無疑對位置細胞的運作至關重要。在沒有邊界的環境中，我們可以根據地標來辨別方向，海馬迴中也有兩種細胞負責對此做出回應，但是，大腦如此下意識地回應邊界，似乎意味著邊界具有特殊的價值。如果沒有邊界，動物（包括人類）會更容易迷路或無法判斷移動的距離；神經科學家指出，假如將大鼠放入箱子，然後移除或破壞壁面，大鼠的場域模式便會全面崩解，腦中許多位置細胞也會停止放電。在嬰兒的大腦中，邊界細胞是最先發育的空間神經元之一，時間甚至早於位置細胞。它們很可能就是拼貼認知地圖的黏著劑。

## 提供方向感的頭向細胞

愛丁堡是一座景色壯麗迷人的城市，因此是測試方向感的好地方。在橫跨深谷連接舊城區與新城區的北橋上順時針轉一圈，可以飽覽愛丁堡的全貌，包含聳立於玄武岩山丘邊緣的愛丁堡城堡、建築外觀由莊嚴典雅的圓柱所構成的蘇格蘭國立美術館、王子街上在古代被煤煙燻得炭黑的哥德式尖塔史考特紀念碑、有著圓拱形屋頂的蘇格蘭國家檔案館、蘇格蘭政府所在地的卡爾頓丘、可俯瞰海岸線與有著長斜坡的荷里路德公園、身為愛丁堡制高點的亞瑟王寶座，以及皇家大道上使大部分山谷在冬季時顯得陰鬱幽暗的數座高聳建築。

人的大腦不用多少時間就能記錄這般地景的全貌，原地轉一圈，就足以大致辨認周遭環境、不同地標的相對角度與海洋的方位等。這種利用地貌特徵識別方向能力，看似得來全不費工夫，但其實是一項了不起的認知成就。倘若沒有大腦中那群為了提供方向感而生的細胞，我們不可能辦得到——而它們就是頭向細胞。

頭向細胞存在於靠近邊界細胞的後下托（postsubiculum）區及其他數個相鄰的腦部

區域，包括腦迴皮質（retrosplenial cortex）與內嗅皮質（entorhinal cortex）——後者作為一種介質，連接海馬迴（位置細胞的所在區域）與新皮質（neocortex，掌管「較高階」的功能，如感知、思考與推理）。頭向細胞跟邊界細胞一樣，在動物發育的早期就形成，顯示它們對於動物的生存有著舉足輕重的作用。除了幫助我們保持方向感之外，它們也向其他空間細胞提供重要的方位資訊，包含邊界細胞與網格細胞（我們將在適當時候探究其功用）。

頭向細胞系統通常被稱為大腦的內部羅盤。不同於回應環境結構的位置細胞與邊界細胞，頭向細胞會在動物面朝特定方向時活化。不同的頭向細胞會對不同的方向做出回應，共同涵蓋了三百六十度的範圍。只要你身體轉一圈，大腦的頭向細胞就會開始放電，在你旋轉的同時，一個個細胞輪流產生反應。頭向系統的協調精確而縝密：如果動物處於某個環境時，B細胞對A細胞的右側放電，那麼不論動物到了哪裡，B細胞都會執行相同的動作。

這些細胞是怎麼知道動物的頭部從右邊轉到左邊的？這項資訊最有可能來自前庭系統（vestibular system），即內耳裡的耳道與球囊構成的網絡，負責回應線加速度（linear acceleration）與角加速度（angular acceleration）。這正是神經科學家將頭向系統稱為**內**

**在**羅盤的原因。前庭傳送的訊號讓細胞即使在黑暗中或動物閉上雙眼時，也能維持依方向而定的放電模式。前庭系統受損的人不只失去平衡感，也喪失了辨認方位的能力，因此非常難以在空間中游移與摸索環境。

一旦你進一步瞭解頭向細胞如何建立方向感，就會發現羅盤的比喻不大貼切。它們對應的不是地球的磁場或基本方位（東西南北），而是地標。如果你抵達愛丁堡時注意到的第一個特徵是國立美術館，大腦中的一些頭向細胞便會與之對應，而正是因為頭向系統會確保細胞在特定的相對角度放電，整個「羅盤」才能迅速設定完成（以美術館作為「北方」）。

頭向系統會維持這樣的方位對應，直到你離開美術館到別處為止。假設你在愛丁堡城堡裡到處尋找命運之石（Stone of Destiny，古代蘇格蘭王權的象徵），頭向系統便會重新設定並對應城堡內部的空間配置，因為它無法再對應到原本的北方（當然，除非你遙望美術館，或者擁有絕佳的空間記憶力）。這時，你很難在蒙眼的情況下明確指出國家檔案館或亞瑟王寶座的方位，因為前庭系統只能短暫維持方向感，之後便需要更新視覺線索（或借助其他的感覺線索）。

人們對地標的依賴，說明了大腦的頭向系統為何容易在陌生環境中迷失方位，尤其是我們沒有留意周遭的時候。如果你曾在城市中自以為知道方向卻迷了路，那麼對人類導航機制深感著迷的瑞典工程師艾瑞克．榮森（Erik Jonsson）說的這段話，應該能引起你的共鳴。一九四八年，榮森造訪科隆。他在半夜搭火車來到這座城市，在車站長椅上睡了一會兒，之後動身前往萊茵河畔搭乘汽船。他走了一段路都沒看到河，問路後才發現走錯了方向：

我一直朝錯的方向走，我往西邊去，不是東邊。之後我看見太陽從汽船上方的一片薄霧中冉冉升起。我心想，日出居然在西邊！很明顯，我走錯路了。我一定是因為深夜搭火車來才失去了方向感，所以我實際上一直都往西邊走，而不是東邊，離萊茵河越來越遠。現在既然明白發生了什麼事，我跟自己說，一切會沒事的。但事實卻不是如此！不管我怎麼告訴自己早晨的太陽一定從東邊出來，我還是覺得太陽在西邊，之後到了萊茵河畔，我「看見」河水往南流。我的推論改變不了內心的信念。顯然，我的潛意識裡有某個神祕的方向系統在運作，讓我把科隆的北方當成了南方。

設定完成後，頭向系統往往會堅守選好的方位，彷彿生命全繫於此（就漫遊荒原的先人而言，幾乎可說是如此）。當榮森登上汽船、離開科隆之際，他的內部羅盤也更新了方位，但在那天晚上回到城市時，羅盤又恢復錯誤的設定：「剎那間整個宇宙轉了一百八十度。」太陽彷彿在東邊落下。錯亂的方位系統令他焦慮不安，於是他搭了下一班火車離開。

我們在任何地方都有可能迷失方向，但這種情況更容易發生在顯著地標稀少的地方，例如窗戶狹小與視野有限的大型建築裡。醫院就是一個血淋淋的例子：一九九〇年，美國一間大型區域醫院的調查發現，全體員工總計每年花了四千五百小時替那些在院內一模一樣的各個長廊裡迷路的民眾指路。身心健康者在這種地方都不一定能穿梭自如了，更何況是認知能力因為疾病或高齡而受損的人們。

城市充滿了辨認方向的挑戰。若你想體驗頭向系統瞬間受到刺激是什麼樣的感覺，可以挑一座連接倫敦地鐵站與地下五十多公尺的月台、深不見底的螺旋樓梯走走，保證走不到幾層，不斷旋轉向下的畫面就會徹底打亂你原本在地面上的方向感。這就好比拿著羅盤走進伸手不見五指的礦井。然而，如果你往上走回熟悉的環境，腦中的頭向細胞便會瞬間恢復方向的對應，這可說是一個小小的認知奇蹟，讓你知道「我在這裡」。

## 室內與室外的方向感——腦迴皮質

地標之於方向感，就跟邊界之於地域感一樣不可或缺。但是，當地標變了，例如我們從庭院走進屋裡，或從街上走進超市，大腦要如何讓我們保持方向感呢？除非你逛的是宜家家居或愛丁堡城堡，否則走進室內的動作，一般不會消除方向意識，但導航的依據會從遠處的地標（如一棵樹或一座摩天大樓）換成近處的物品（如一扇窗或一幅畫）。我們能夠將自己對應到屋內的幾何結構，也能保有對外在世界的方向感，同時記住兩種空間參考架構。那麼，我們又是如何成就這般精湛的認知運作呢？

這得歸功於大腦中名為「腦迴皮質」的區域，其扮演著將視覺線索（尤其是地標）轉化為空間資訊、以供大腦建構認知地圖的重要角色。神經科學家在腦迴皮質中發現了兩種頭向細胞，一種負責回應遠處的地標，一種回應鄰近的地標。正是因為這兩種細胞的放電，我們才能在進入室內後仍然保有戶外的方向感，並且辨別樓上浴室與樓下停車場分別位於哪個方向。

腦迴皮質還有一個不可思議的功能：分辨有利導航的永久性地標與不可依賴的暫時

性地標。世界處處都是潛在的地標，但毫無疑問地，如果我們的內部羅盤仰賴也許明天就消失的事物作為指引，一點意義也沒有。腦迴皮質對固定不變的地標反應最為強烈，因此，樹木、風車與路燈，會比車輛、彩虹與圍籬上的鳥兒更適合作為地標。有鑑於在荒郊野嶺迷路代價昂貴，這項機制除了具有演化上的意義，也解釋了為何現代人類的導航能力有所差異。腦部成像研究顯示，擅長認路的人的腦迴皮質，比方向感欠佳的人來得敏感，因此他們比較懂得挑選可靠的地標。在倫敦大學學院研究記憶與導航的學者艾莉諾．馬奎爾（Eleanor Maguire）表示，她經常發現健康的對象竟然「無法判別某物是否為固定的可靠地標」。事實上，她也覺得自己跟他們一樣，自認導航能力不佳，並將這項缺陷歸咎於腦迴皮質出了毛病。「我永遠都找不到地標。我總以為過了轉角就會看到那個地標，但它卻不見了！它當然沒有不見，純粹是它從來就不在那裡，因為我記錯了位置。」

## 空間細胞之間的互動與合作

認知地圖最大的謎團之一是，構成它的各種實體——位置細胞、邊界細胞、頭向細胞、網格細胞及學界尚未發現的其他細胞——如何互動與合作。可以肯定的是，位置細胞從邊界細胞獲取幾何資訊，而邊界細胞從頭向細胞取得方位資訊，網格細胞則負責指明距離。然而，這些機制錯綜複雜，在實驗中監測大鼠或小鼠腦中直徑約只有零點二公釐的單一神經元的活動難度高且耗時，以致學界始終看不清認知地圖的全貌。

近年來，保羅．杜千科與他指導的博士生羅迪．格里夫斯（Roddy Grieves）⑥展開了一系列的實驗，探究空間細胞彼此如何互動與共同促成地域感。他們聚焦的問題是：為何大鼠似乎無法分辨位於平行線上的相同房間。之前研究人員發現，大鼠在四個相似的矩形隔間中遊走時，位置細胞的放電模式都一樣，顯示它們無法分辨這些隔間。杜千科與格里夫斯猜測，這是因為那些隔間全都面朝同一個方向，而唯有這些房間朝向不同的方位時，位置細胞才能辨別房間的差異——換言之，這些細胞必須有頭向系統的幫忙，才能發揮作用。

為了證明這一點，他們將四個矩形隔間比鄰排列。隔間的最深處放有四罐不同的沙狀物（羅勒、芫荽、孜然與迷迭香），其中一個罐子藏有獎勵的食物（脆麥圈），在每個隔間的位置都不同。接著，他們將同樣的配置套用於另一組隔間，這次四個隔間彼此成六十度地排成半圓形。若想獲得食物，大鼠就得在不同隔間中找到正確的位置：例如，A盒的食物藏在裝有迷迭香的罐子裡，B盒的食物藏在孜然的罐子裡。

一如杜千科與格里夫斯所料，當隔間平行排列，多數的大鼠都找不到食物，因為牠們無法分辨四個隔間的差異，因而未能建立對應的認知地圖，找出每個隔間的脆麥圈藏在哪個罐子。但是，牠們在另一組設置中的表現要好得多，很快就發現哪一罐子裝有食物。位置細胞的運作方式始終不變：大鼠在平行排列的四個隔間中遊走時，它們不斷重複相同的放電模式（大鼠在不同隔間都使用同一套認知地圖），但是當隔間成半圓狀排列時，它們便重組或「重繪地圖」，為每一個隔間建立對應的地圖。

為了確保結果無誤，杜千科進一步使用化學物質讓另一組大鼠腦中的頭向細胞失能，之後再讓牠們探索排成半圓狀的隔

⑥目前他擔任倫敦大學學院行為神經科學研究所的博士後研究員。

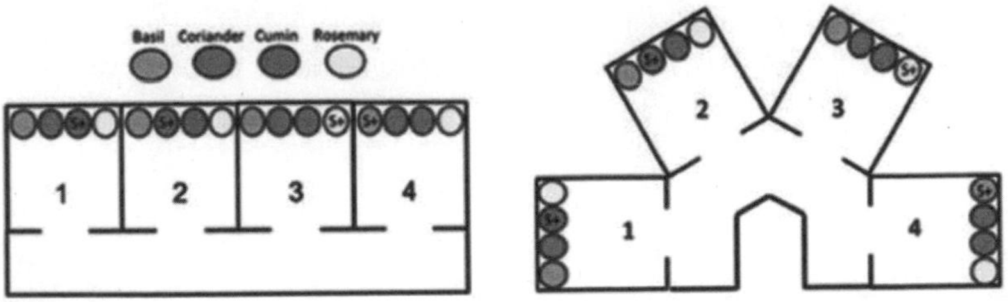


保羅・杜千科的實驗設置。

間。這些大鼠的表現並沒有比探索平行隔間的那些大鼠好到哪裡去。「牠們的位置細胞到了每個房間都放電，似乎無法分辨其中的差別。」他指出，「這清楚顯示，頭向系統使動物能夠辨別相似地點之間的差異。至少，大鼠的頭向系統是這麼運作的，而人類或許也是。」

杜千科與格里夫斯於二〇一六年在奧地利一場專題研討會上首度向認知科學界的同儕發表這些研究發現時，以講究的實驗對稱性與簡潔有力的結果驚豔四座。原因不是這項研究顛覆了人們對於認知地圖的傳統思維，而是它並沒有這麼做：這項研究證實，動物必須具有充分運作的空間神經元，才有能力認識周遭環境，而早在這之前，就已有許多神經科學家如此主張。這也釐清了一件事：方向感對於地域感至關重要。

二〇一六年六月，我曾造訪杜千科位於愛丁堡大學的實驗室（他目前在愛丁堡與史特林工作）。在那不久前，他展開了一項新實驗以研究認知地圖的另一個要素網格細胞，而他提議讓我一窺其貌。他身材高瘦，姿態挺拔，靜靜地觀察實驗中的變化。他不厭其煩地向我解釋科學現象，說起話來平鋪直敘。他教過數百位學生認識空間神經科學的原理，並為此寫了一本專書。

他催促我上樓看看他的實驗室，只見那裡有一隻腦中海馬迴裝有電極的大鼠正在一個隔間裡東嗅西聞。電影螢幕顯示了大鼠神經元的電位變化，我們看著電位波形隨大鼠的移動而不停閃爍。杜千科練就了絕佳的模式辨別能力，光看波形就知道有大事發生，例如網格細胞的放電。他花了數百個小時觀測網格細胞的放電模式，有時就連睡覺也會夢到它們。

過了一會兒，杜千科調高螢幕上的輸出音量，而波形接二連三地以靜電形式呈現。他也十分擅長判讀音頻模式，能夠辨別不同類型空間細胞的呼叫訊號。那天，他注意到有個神經元似乎總在大鼠試圖翻越隔間牆面時放電。「就是這個聲音，你聽見了嗎？」他說，「聽起來很特別，**波形**也與眾不同。你可以看到，大鼠爬上牆壁時，電位的變化比其他地方來得多。我不知道那是什麼細胞，就姑且稱它『爬牆』細胞吧。」他確定那不是網格細胞，我想他一定非常失望，因為這個實驗的主要目的就是找出網格細胞。然而，杜千科著眼的不是現在，而是未來——這是空間神經科學家必備的一項特質。「真酷，」他注視著螢幕若有所思地說，「太有趣了。」

## 網格細胞的放電模式

梅—布里特・莫瑟與艾德華・莫瑟於二〇〇五年發現的網格細胞令神經科學界大為振奮，因為新發現的這種神經元的放電模式前所未見。莫瑟夫婦發現它們不存在於大鼠的海馬迴（位置細胞的所在地），而是負責向海馬迴傳送資訊、名為「內嗅皮質」的相鄰區域。之後，研究人員也在人類的內嗅皮質中觀測到網格細胞的放電模式。

如果你仔細聆聽大鼠腦中單一網格細胞發出的電訊號，便能發現它會在大鼠游移時不斷且精準地放電（不同於只對單一地點有反應的位置細胞）。因此實際上，若將網格細胞放電的位置標記在地面上，就會發現每一點的間距都相等，畫出來的圖形就像一連串的等邊三角形或六角形——形狀非常一致的網格⑦。

對此，梅—布里特・莫瑟的驚訝程度不亞於任何人。「這種奇妙的圖形十分奇特，微妙得不可思議。」她在二〇一七年於伯明罕舉行的英國神經科學學會年會上發表研究後如此對我說，「這不是一般預料的生物現象。」

網格細胞呈三角軌跡的放電模式，對生長於「三角點」時代的人們而言或許不陌生，當時，沒有人探索未知地域時不帶上英國地形測量局繪製的地圖。在衛星定位系統問世之前，一九三六至一九六二年間的大不列顛地圖，是根據各處山脈、山丘與其他顯著地形所設置的六千五百個水泥三角點柱彼此形成的網絡繪製而成。天氣晴朗時，地形測量員可以利用經緯儀來量測相鄰的三個三角點之間的角度，根據已知的三角點座標來判定地景中任何物體的位置。這種三角測量法正類似大腦根據網格細胞的放電模式以計算動物所在位置的方式——足見人類聰明地複製了絕妙的生物機制。

網格細胞的放電模式之所以引人驚嘆，不只是因為高度的一致性，它們真正的奇妙之處在於細微的差異。這些差異可作為粒度，因為假使成千上萬個網格細胞都做一樣的事情，並沒有意義。這些六角形的放電軌跡在三個方面有所差異：刻度（網格節點之間的距離）、方位（網格對齊的方向）與「相位」（網格圖形相互重疊的程度）。如同頭向細胞（但不同於位置細胞），網格細胞的排列井然有序。莫瑟夫婦與同事們發現，這些細胞分層整齊排列於內嗅皮質中，每一層細胞的放電軌跡在刻度與方位上都相同，但相位各異。他們還注意到，網格細胞所處的深度與放電軌跡的刻度呈現遞增的關係。

⑦ 從數學角度而言，若從一個放電的點位畫線分別連接到相鄰的六個點，它們彼此都成六十度，線長也相等。

這是什麼意思呢？如果在內嗅皮質的最上層，有一個網格細胞的放電軌跡為每三十公分一個節點（意指動物往特定方向每移動三十公分，網格細胞就放電一次），則所有相鄰細胞放電軌跡的刻度也會是三十公分，如此一來，彼此形成的六角形網格的各條軸線也會朝向同一個方位；但是，它們的網格彼此會些微重疊，看起來就像沒洗好的紙牌一樣。再往下一層也是類似的排列，只是網格的刻度會稍微大一點；依此類推，內嗅皮質的所有網格細胞都是如此。細胞如何演化出這種奇異又特殊的排列方式，有待學界探究，但這似乎是一種標記位置的有效方法。只要重疊的網格夠多，系統就能產出動物在廣大空間區域中移動範圍的座標。

如同神經科學界中不計其數的研究結果，這些令人振奮的發現伴隨著許多問題。例如，網格細胞放電軌跡的刻度為何有所不同？在內嗅皮質的最深層，放電所對應的節點間距可達十公尺之遠。既然如此低的解析度提供不了多少細節，又為何會有這樣的機制？梅—布里特・莫瑟推論，低解析度的網格可在特定情況下發揮作用，如動物感到恐懼的時候。「這完全是我的猜測，不過照理說，人們在害怕的環境中應該不需要精確的資訊。」她表示，「你只需要大致掌握足夠的資訊，知道避開危險就好。如果你想知道某個物體、食物或親人在哪裡，便需要良好的解析度——這就得靠內嗅皮質表層的網格細胞了。」

另一個謎團是，是什麼讓網格細胞放電所對應的移動距離與角度如此精確？例如，它們怎麼「知道」動物在什麼時候往六十度角的方向移動了三十公分？目前為止，學界提出最有可能的猜測是，頭向細胞提供了有關角度的資訊，其中一些細胞在內嗅皮質中與網格細胞比鄰而居：實驗顯示，如果大鼠的頭向系統失靈，網格細胞的放電模式也會大亂。

關於距離的資訊可能有好幾種來源。其中一個潛在來源為動物對本身移動的感知，這不是出自光流（optic flow，在快速移動過程中感知環境），就是來自內耳的前庭系統。另一種來源是名為「速度細胞」的神經元，其也存在於內嗅皮質，電位活動依動物的速度而定。內嗅皮質與海馬迴都具有與時間相關的細胞，因此只要知道速度，就能輕易計算出移動的距離（將速度乘以時間即可）。

網格細胞追蹤距離的第三種方式是利用$\theta$波（theta rhythm），這是腦電活動的一種低頻振盪，動物與周遭環境互動時，它就會在海馬迴的神經元網絡裡出現。其存在的目的似乎是讓海馬迴中大腦細胞同步放電，作用有如認知的導體。$\theta$波最顯著的特性之一是，振盪的頻率——大鼠是平均每秒四到八次循環，人類則稍微少一點——會隨著動物移動速度變快而增加。換言之，它提供一種速度信號，傳送的範圍比速度細胞的信號更廣，讓網格細胞得以從中獲益。

事實上，我們可以肯定它們的確借助了這種信號的功用，而這要感謝肖恩・溫特（Shawn Winter）與他在達特茅斯學院的同事共同進行的一項巧妙實驗。為了瞭解哪些面向的活動關乎網格系統的運作，他們在實驗大鼠的內嗅皮質中置入電極，再將牠們放入透明壓克力的小推車裡，推著牠們在實驗場域中四處走動。那些大鼠可以感覺到移動，但因為是被推著走的關係，所以腦中的$\theta$波振盪小到可以被忽略，而未能察覺任何速度上的變化。這對牠們的網格細胞造成了毀滅性影響：沒有$\theta$波，就不會有六角形的放電軌跡。

## 測量距離與角度的網格細胞

儘管網格細胞的放電模式具有對稱性且十分精確，但學界仍不清楚牠們對認知地圖有何貢獻，以及它們如何與位置細胞及大腦海馬迴中的其他空間單元通力合作。它們顯然在空間記憶中具有作用：動物回到熟悉的環境時，腦中的網格細胞放電所對應的位置與第一次造訪時一模一樣。網格細胞幾乎可以確定是認知機制的一部分，讓我們能在沒有地標或邊界可參考的情況下記憶所在位置——即路徑整合的能力。

直到近年，學界才推測網格細胞可為認知地圖提供一種量度，一種測量距離與角度的系統。倘若沒有這種量度，我們便難以進行「路徑整合」，也就是記憶自己走了多遠，或去過的不同地點在空間上有何關聯。網格細胞顯然具有這種功能，因為它們的放電模式及高度規律與可靠的性質，似乎在非常不容易受外界影響：對它們而言，不論是過馬路、在湖裡游泳或穿越山脈隘口，三十公分的距離就是三十公分。

然而，事情原來沒有那麼簡單。近期實驗顯示，網格細胞其實頗受環境所影響。我們已經知道，它們可敏銳察覺物質世界，因為放電軌跡的軸線往往對應環境的邊界。如今神經科學家發現，假如改變動物所處的房間的形狀，其網格細胞的放電軌跡也會跟著延長或縮短，以反映新的空間結構。更神奇的是，動物進入從未到過的房間時，網格細胞的放電軌跡會立刻擴大，之後隨著動物逐漸熟悉環境，便會慢慢縮回到一般的結構。由此可見，網格細胞的功能遠不只是記錄移動的距離與方向而已。從它們對環境幾何結構如此劇烈的反應可知，它們除了判斷游移的距離與角度之外，還能幫助我們瞭解**不同的環境**。

網格細胞之所以如此多變，或許是因為它們同時具有路徑整合與形狀判讀的功能。或者，這表示它們會持續嘗試依照邊界或地標而調整放電模式，以矯正路徑整合的過程中不可避免的錯誤。以畫面來說，你可以想像自己正跨越一片平坦的田野：你發現除非看到籬笆或樹木，否則無法隨時辨認自己的所在位置。根據史丹佛大學神經生物學家的觀察，小鼠在開放空間裡也是如此：牠們越久沒看到牆面，網格細胞的放電模式就越偏離牠們的原始位置，宛如船隻在拉扯繫繩一樣。看來，除了協助穩定位置細胞的放電場域之外，邊界也扮演著矯正網格細胞的功能。

## 認知地圖的基礎：網格細胞與位置細胞

這類實驗再次表明，大腦的某些部位似乎會特別為了導航與空間意識而調整機制。但是，目前空間神經科學家仍未能解開的最大謎團之一是：網格細胞與位置細胞如何聯手賦予地域感。顯然他們會互相溝通——史丹佛大學研究團隊在近期實驗中發現，網格刻度的大小，決定了位置細胞的解析度，也就是說，網格的刻度越大，場域就越大。這意味著，兩種細胞的目標一致。

位置細胞與網格細胞之間的回饋機制，由神經科學家在二〇〇七年首度提出。在倫敦大學學院研究導航與記憶的學者凱特・傑佛瑞（Kate Jeffery）推測：「位置細胞會運用與環境相關的靜態感官資訊，譬如牆的位置；除此之外，網格細胞也會利用關於移動的動態資訊產出運算結果後，再回傳給位置細胞以支持並強化它們。這是一種自力更生的概念。」至少，她的理論是這樣。傑佛瑞承認，目前還沒有實驗可證明這個論點。但可以肯定的是，位置細胞儘管明顯缺乏組織，仍是認知地圖的基礎。或者，就像羅迪・格里夫斯描述的，它們是「各種輸入的熔爐」，而網格細胞只是其中之一。

拜訪杜千科位於愛丁堡大學的實驗室的一年後，我來到英國時順路到史特林大學心理學系探望他，這所大學的校園就坐落在一處邊界（奧克爾山的西沿）與一個地標（本地英雄威廉・華勒斯〔William Wallace〕的紀念碑塔）之間。相較之下，心理學系的建築裡完全沒有方位線索，杜千科的辦公室大門，與看似沒有盡頭、兩旁都是白泥牆的走廊上其他數百座一模一樣的門唯一的差別，是房間編號。這是研究空間認知的絕佳場所：杜千科聲稱，這棟建築迷宮般的格局激發他做了好幾項實驗。

如同領域許多其他學者，杜千科也試圖探究網格細胞在認知地圖中的角色。「學界大肆炒作它們的重要性，說它們是大腦的度量標準，而這有可能是真的。但如果真是如此，它們算是相當不可靠的度量。」他說。他提到倫敦大學學院一群神經科學家對小鼠做的一項新研究顯示，小鼠在黑暗中探索熟悉的環境時，網格細胞的放電模式會分崩離析。「這是非常嚴重的問題。齧齒動物就是在沒有光線的時候才需要導航系統。如果它在這時故障了，會是一件很詭異的事。」

網格細胞的運作迥異於多數神經科學家的想法，以及其中一些根本性假設大錯特錯的可能性，令杜千科興奮不已。有時候，世界比我們以為的還要不可思議；我不覺得人類摸透了它的一切，我們有可能才正要開始這段旅程。我想，還有許多奧祕有待挖掘，還有出人意料的真相等著被揭開。

## 加深導航記憶與規畫路線的認知重演

如果沒有認知地圖提醒我們之前到過哪些地方，我們不可能認識這個世界。然而，知道自己身在何處並不夠。我們還需要知道如何到達，以及如何依循路線抵達目的地。研究發現，原來認知地圖特別擅長計算與記憶通往目的地的路線。據神經科學家觀察，大鼠在迷宮中移動時，如果終點藏有食物，海馬迴會啟動更多的位置細胞，繪製更精細的地圖。對大鼠來說，食物是終極目標，因此通往食物的路線值得牢牢記在腦中。所有哺乳類動物也可能是如此；納米比沙漠的大象偶爾才會走到距離棲息地遙遠的水潭，但牠們卻能將水潭的位置記得一清二楚。這項策略如何演化而來並不難理解：有能力輕易回到有大量水果、野莓或可食根莖的地方，是一大生存優勢。

大腦優先處理重要路線的機制，是認知地圖最令人玩味的特徵。神經科學家注意到，大鼠完成了有獎勵的迷宮旅程後，在休息或睡覺時，位置細胞與網格細胞在海馬迴與內嗅皮質中的放電順序會一再重複，有如一首歌不停播放。大鼠似乎無意識地重複這個動作，藉此整合旅程的記憶地圖，儘管重複的速度是原來的十至二十倍之快。這似乎是導航的關鍵：如果不讓大鼠休息，藉此干擾兩種細胞重複放電的順序，隔天大鼠就會比較難完成相同的任務。

認知重演（cognitive replay）是加深導航記憶的關鍵，但這不是它唯一的功能：它也能規畫路程。尋找食物時，大鼠通常會在交叉路口停下來，彷彿在思考該走哪一條路。倫敦大學學院的神經科學家一直在研究大鼠選擇路徑時海馬迴中的脈衝模式，看看這種時刻大鼠的腦部發生了什麼變化。令人訝異的是，除了整合記憶之外，大鼠腦部的認知運作似乎還能解讀未來。在重新放電之前，位置細胞開始以特定連珠炮似的順序產生脈衝，彷彿在重現不久前的旅程，只是這是一場尚未展開的旅程：當大鼠做出選擇、急促走上路徑時，海馬迴便上演相同的放電順序。看來，大鼠先是琢磨要選擇哪一條路，再決定計畫並付諸行動。別忘了，這不是複雜的決策，因為牠隨時都預先考慮然後做出選擇，知道只有熟悉的路徑會帶來食物。由此可知，認知的重複（不論是「重演」或「預演」）存在的目的，有部分是為了幫助動物達成明確的目標——如果最後將一無所獲，又何必浪費腦力？

近期研究人員開始能根據大鼠在交叉路口停下時，位置細胞在海馬迴中的放電順序，來成功預測大鼠會在迷宮裡轉向何方（至少某些時候是如此）。「我們研究動物的心理並判斷：『好，現在牠要那麼做了。』」任職倫敦大學學院細胞與發展生物學系的弗蕾亞．歐拉夫斯多提（Freyja Ólafsdóttir）說，「這種感覺有點可怕。」

學者們難以確知人類的大腦如何處理旅程，因為人們無可厚非地不願在腦袋裡插入電極做實驗。然而，科學家可以透過另一個方式來測度大腦活動，那就是利用名為「功能性磁振造影」（functional magnetic resonance imaging，fMRI）的掃描科技。功能性磁振造影並非一一離析個別神經元的放電模式，而是偵測細胞放電所造成的血流量變化，藉此合理推估大鼠的活動。雖然功能性磁振造影的機器重達數噸，而且需要實驗對象平躺在掃描儀中靜止不動，但他們仍然可以「導航」，利用虛擬實境影片來模擬遊走的過程——儘管這種機器讓前庭系統的運作與所有動感打了折扣，但它們確實騙過了大腦。

今日，功能性磁振造影可協助研究人員瞭解人在導航至目的地時大腦發生了什麼事，例如從家裡走到商店，或從辦公室走到銀行。在倫敦大學學院主持空間認知實驗室的雨果．史畢爾（Hugo Spiers）將大部分的職業生涯都奉獻給這個問題。近年他設計了一款電玩，受試者必須在倫敦蘇活區擁擠狹窄的街道與巷弄找路——概念類似實驗室大鼠走迷宮。首先，史畢爾帶受試者到蘇活區時地走一圈，讓他們認識街道布局與各種商店、餐廳及其他地標的位置。之後，他讓受試者進入功能性磁振造影儀內，播放一些以第一人稱視角遊歷蘇活區街道的影片。這些旅程具有互動性：其中的挑戰在於如何走最短的路徑抵達目的地，還有每次到十字路口都必須決定朝哪個方向走。為了增加導航難度，史畢爾有時會中途更改目的地，迫使受試者得在短時間內重新思考尋路策略。

一如史畢爾與同事所料，導航與關於導航的思考，使海馬迴與內嗅皮質出現了大量的神經活動。但是，活動的強度與區域，取決於大腦處理的導航任務為何。內嗅皮質負責估算個體與目的地之間的直線距離：如果距離改變了（史畢爾突然修改路線），內嗅皮質中的放電模式就會出現大幅度的脈衝。另一方面，海馬迴主要分析個體採取的精確路徑：路線越長、越複雜，大腦的這個區域就越活躍。海馬迴與導航的細節：在這項實驗中，它對街道網絡的連結性特別敏感——個體走到與多條街道相通的街道時，它的活躍程度最劇烈，彷彿是在計算最快路線的各種選項。

從這些實驗結果中，我們學到了關於大腦這些區域中細胞行為的什麼資訊？最好的解讀是，正如大鼠的行為，人類大腦海馬迴的活動受到一路上對應地點的位置細胞所引發，而內嗅皮質的活動受負責記錄距離與角度的網格細胞所引發。一個顯而易見的結論是，認知地圖除了記錄所在位置之外，也是讓我們抵達目的地所不可或缺的東西。為了確認海馬迴與內嗅皮質不只受到移動或蘇活區喧鬧的感知所刺激，研究人員也播放了一些「對照」旅程的影片，過程中，受試者無須思考關於導航的任何決定，也就是他們走到交岔路口時，會有人指示該往哪兒走。在這些被動旅程中，這兩個大腦區域的活躍度都降低了。我們依靠衛星導航系統找路時，大腦也會出現同樣的變化，這不禁讓人好奇，我們依照手機螢幕上的藍點移動時，大腦的海馬迴與內嗅皮質在幹嘛？從史畢爾的證據看來，在這種時候，它們不怎麼活躍。

## 海馬迴與各式空間神經元的重要性

大腦之所以演化出海馬迴與周圍的區域，似乎是為了建構外在世界的心理表徵，以讓我們據此四處遊歷與辨認方向。想想大鼠腦部的海馬迴裡有各式各樣的空間神經元：除了位置細胞、網格細胞、頭向細胞、邊界細胞、地標細胞、速度細胞與時間細胞之外，神經科學家還發現了會記錄個體曾到之處的「蹤跡細胞」、動物往特定或相反方向移動時會產生反應的「軸調細胞」、會朝水平的兩個方向放電的「翻轉細胞」、在飛天蝙蝠大腦內發現的「目標導向細胞」、結合了數種空間細胞功能的「結合細胞」，以及其他會回應身體與頭部移動的細胞。

儘管如此，海馬迴專門解讀空間的這個觀點備受爭議。一個原因是，認知地圖包含世界的抽象表徵，而不是真實網路地圖上你來我往的敘述。沒有人知道，認知地圖究竟如何使個體感覺處於熟悉的地方或認得熟悉的場景。「瞭解一個人如何從海馬迴裡的位置細胞接收資訊，然後清楚想起二十年前在某個地方發生的事情，對我來說是個無解的問題。」艾莉諾・馬奎爾說，「位置細胞與記憶之間有什麼樣的連結？我們不知道答案。」

另一個原因是，海馬迴的功能顯然不只是對應路徑與導航而已。下一章將闡述，海馬迴對許多記憶面向至關重要，既能指出個體所處的位置，也是一種記憶地圖，還有助於我們思考未來。它甚至能組織看似與物質空間無關的數種認知面向，例如抽象思考。毫無疑問地，認知地圖是許多重要功能的基礎。很難想像，沒有它們的生活會是什麼樣子。

**總結本章討論的四種主要空間細胞及其扮演的不同角色**

| 名稱 | 位置 | 角色 |
|---|---|---|
| 位置細胞 | 海馬迴 | 每當我們處於特定地點，位置細胞就會活化。它們讓我們能夠記憶不同的地方，構成「認知地圖」的基礎。 |
| 頭向細胞 | 後下托區、腦迴皮質、內嗅皮質 | 頭向細胞的作用如同內部羅盤，會在我們面朝特定方向時產生反應。 |
| 網格細胞 | 內嗅皮質 | 網格細胞會在我們移動時放電呈現六角形的軌跡，藉此標記我們的位置。 |
| 邊界細胞 | 下托區 | 邊界細胞可指明我們相對於邊界（如牆、邊緣或甚至色彩或質地）的距離與方向。 |

第四章

# 思維空間

- 無法想像未來與回憶過去的人
- 空間與記憶的關聯
- 分隔記憶的空間邊界
- 腦內漫遊
- 海馬迴與心靈
- 想像空間與正向心理

## 無法想像未來與回憶過去的人

閉上眼睛，想像下一次的假期會怎麼度過：躺在遮陽傘下聽著海浪拍打沙灘的聲音，或是到景色優美的阿爾卑斯山健行。現在，回想今天早餐吃了什麼——當時你人坐在哪裡？吃了什麼東西？你能輕易做到嗎？

並非人人都能毫不費力地回答這些問題，身為軟體程式設計師與火狐瀏覽器共同創辦人的布雷克・羅斯（Blake Ross）當然也做不到。二〇一六年四月，他在臉書上發文坦承：「我一生從未想像過任何事物。我『看』不見父親的臉龐或彈跳的藍色球體，也想不起兒時睡的房間，或是我十分鐘前慢跑時看到的風景是什麼樣子。我以為『數羊』是一種比喻。如今活到了三十歲，我才知道人類可以做到這些事。我真他媽的驚呆了。」

羅斯這才發現，自己無法在心中產生視覺表象。如果你不相信，認為他一定能想像某個事物，譬如海灘，則他的回應是：「我沒有能力創造海灘的任何心像，不論是閉上眼睛或張開眼睛、閱讀書中文字、花數個小時專心想像，或是實地站在海灘上，都做不到。」更令人不可思議的是，他還是土生土長的邁阿密人。

羅斯的問題在科學界已有先例。過去幾年來，任職於倫敦大學學院神經學研究所的艾莉諾·馬奎爾持續追蹤數名個案的生活情況，他們都跟羅斯一樣，記不起過去，也無法想像未來。這些對象的海馬迴都受到了損傷，通常是邊緣葉腦炎（limbic encephalitis）所致①。他們沒辦法在腦海中塑造視覺情景，或者將物體的形象組成連續的畫面。「他們甚至無法想像未來。」馬奎爾表示，「他們徹底被眼前的事物困住了。」

馬奎爾在一篇論文中指出，其中兩名個案如此描述，努力想像卻徒勞無功的感受：

「我感覺自己彷彿在聽收音機，而不是看電視。我試圖想像不同的事情發生，但腦海中沒有出現任何畫面。」

「這就好比我有很多衣服要掛在衣櫥裡，但沒有任何衣架可用，於是它們散落一地。」

如果你沒有這種障礙，就沒有辦法體會那是多麼讓人感到無力。馬奎爾的病患只能

①羅斯並未罹患這項疾病，他猜想自己的症狀是十歲時頭部嚴重受創所致。

模糊地回想過去的經歷，因為他們無法在心中回溯自己參與過的任何事件。他們想像不出未來的樣貌。他們的導航能力奇差，因為他們無法在腦中安排路線。其中有許多人不會做夢（如馬奎爾所說，沒有畫面就很難做夢），連白日夢也局限於當下的想法。他們很少人看小說，因為在看的同時，腦中並不會有畫面出現。違實思考（counterfactual thinking，意即考量其他情境）不在他們的能力範圍之內，正因如此，他們經常在必須做出道德抉擇之際情緒失控：馬奎爾請他們思考經典的「電車難題」，在這個情境中，他們必須決定是否犧牲一個人以拯救另外五人，結果大家似乎都拿不定主意，而且對於有人即將因此喪命而感到焦慮不安。這些人在智力與社交方面跟一般人一樣正常，但內心的視覺世界嚴重受損。

## 空間與記憶的關聯

馬奎爾在二〇〇〇年聲名遠播，因為她發現，倫敦計程車司機的後側海馬迴（posterior hippocampus）不但遠大於一般人，也比接受訓練之前要大得多。這些司機最久花了三年半的時間就摸透城市的街道布局，其中包括兩萬五千條街道與兩萬個地標的名稱與位置。對此，馬奎爾的解讀是（領域中許多學者也認同），後側海馬迴扮演著詳細空間與導航資訊的儲存區或處理中樞。我們越常使用這個區域導航，它就會變得越大——這說明了在計程車司機的案例中，後側海馬迴的大小為何與司機的年資與熟悉倫敦街道的程度有關，以及為何他們退休後，後側海馬迴會縮回正常的體積。

至今神經科學家依然無法確定，海馬迴究竟是記憶儲存區，還是從大腦某處重建記憶的處理器，抑或兩者都是。然而，數十年前他們便已發現，這個區域對自傳式記憶（autobiographical memory）的創造至關重要，譬如事件的經過與發生的時間，因為海馬迴嚴重受創的個案很難想起經歷過的任何事情。這項關於計程車司機的研究顯示，除了自傳式記憶之外，海馬迴特別擅長處理**空間**記憶，而且似乎預留了許多力氣以解決導航難題。相較之下，馬奎爾檢視醫生與全球記憶大賽冠軍的大腦時（兩者都受過密集訓練且獲得大量（非空間）資料），發現他們的海馬迴並沒有比一般人來得大。那些海馬迴受損而且不知道自己是誰的病患，大多無法辨別自己身在**何處**，找路時也會遇到問題，即使他們的工作記憶完好無缺、學習其他技能也沒有困難，而這絕非巧合。

看來，空間與記憶密不可分，但它們具有什麼關聯？一個推論是，海馬迴將關於空間與地方的記憶當作一種架構或地圖，藉以組織其他記憶。這麼說來，回想記憶就等於重建記憶、從大腦各處汲取不同的元素，如同圍繞支架搭建帳篷一般。

我們有許多記憶都與不同地方緊密連結：仔細想想你會發覺，如果想不起地點，就很難回想事件（如生日派對、第一次約會、與朋友共進午餐等）的經過。文化人類學家基斯．巴索在二十世紀後半葉就亞利桑那州中部西阿帕契族的研究中提出的論述，精湛闡釋了地方之於記憶的重要性。西阿帕契族跟許多原民族群一樣，都將知識與歷史當作故事一樣代代相傳。如果聽者無法想像身歷其境的畫面，那些事件便難以在腦中重現，而且感覺就像「無處發生」一樣，荒謬可笑。對他們而言，「所有事情都具有地方性。」巴索寫道，「每一件發生的事情都一定發生在某個地方。事件的地點與事件本身密不可分，因此若想妥善描述——及生動想像——事件的發生，就得指明地點。基於這些原因，……不具地方性的故事，是不會流傳下來的。」

如果你將事件與地點連結起來，回想任何事情就會變得比較容易，而要找回反覆無常的記憶有一個訣竅，就是回到事發地點。「空間是尋回記憶的絕妙線索。」梅—布里特．莫瑟指出，「如果你從客廳走到廚房要拿東西，到了那裡卻忘記要拿什麼，這時只要走回客廳，就會突然想起來了。」這聽來也許像是民間智慧，但已得到許多研究的印證。在最奇特的一項研究中，史特林大學的心理學家讓一群潛水員在水底背誦單字，實驗發現他們在水中遠比上岸後更容易記起單字；當背誦單字的地點換成了岸上，結果恰好相反。

地方關聯是名為「位置記憶術」或「記憶宮殿法」的古代記憶技巧的運作原理，也就是將單字或物體連結到在熟悉的路線中沿途所見的各個位置。古希臘羅馬的辯論家都使用這個方法，一邊想像自己走在城市的街道或莊園的房間裡，一邊回想重要的論述。現代幾乎所有記憶大賽的冠軍得主都仰賴這套系統來記誦一連串的字詞或數字。你不需要擁有特別的大腦才做得到這件事：研究人員發現，位置記憶術可以幫助任何人實現非凡的記憶力。你可以選擇任何路徑作為記憶旅程，例如遛狗的路線或巡行家中各個房間。這個方法有助你發揮創造力，以及想像與眾不同的場景。在約書亞・佛爾（Joshua Foer）撰寫的《記憶人人hold得住》一書中，記憶大師艾德・庫克（Ed Cooke）建議，想在購物時記得要買清單中的「茅屋乳酪」的一個好方法是，想像心儀的對象在自家門前的泳池戲水。畫面越生動鮮明，你會記得越清楚。

位置記憶術似乎借助了海馬迴的空間特質，而馬奎爾一點也不驚訝這個方法會如此有效。她表示：「如果你想為大腦奠定基礎，空間認知系統會是非常好的選擇。」基於自己對腦部受創患者的觀察，她相信，海馬迴扮演的空間角色——尤其是建構畫面的傾向——是幫助個體回想過去、想像未來及找路的關鍵。她認為畫面是認知的「本錢」，這說明了為何海馬迴受損不只會引發失智，通常還會讓精神生活變得貧瘠。

儘管獲得許多專家的背書，但馬奎爾承認，海馬迴作為認知與記憶關鍵的主張仍具有爭議。在二〇一七年七月辭世的海馬迴權威霍華．艾肯鮑姆（Howard Eichenbaum）認為，這是一項極為複雜的記憶系統，它的主要功能與其說是幫助人們在空間中導航，倒不如說是「在生命中找到正確的方向」。他主張，海馬迴讓大腦得以集結事件的各種成分（包括空間與時間在內），而認知地圖「描繪的是認知，不是物質空間」。艾肯鮑姆在生前最後完成的其中一篇文章裡指出：「海馬迴的確在導航方面扮演不可或缺的根本角色，但也展現了在記憶組織中的廣泛作用。」

海馬迴利用空間系統來組織複雜記憶與其他認知過程的這個論點，衍生自一個有趣的可能性，那就是大腦演化出這個區域，是為了讓史前人類能夠探索棲息地，進而提高生存機率（如開章所述）。之後，較為複雜的認知功能（譬如想像力與自傳式記憶）再根據海馬迴既有的空間架構發展而來。這或許可以解釋，可協助生理導航的大腦網絡為何也有利心理導航的運作，以及瞭解地標相互關聯的能力為何有助於將事件的許多元素統整為連貫的記憶。

我們永遠無法確定，海馬迴是先演化出空間表徵還是記憶，或是兩者同時發展，因為靠化石紀錄解不開這樣的奧祕。不論真相為何，考量空間意識對於野外生存的重要性，可以肯定的是哺乳類動物的大腦在演化初期已能「覺察周遭環境」。「試想大鼠這類的動物必須面對的問題，」倫敦大學學院的凱特・傑佛瑞表示，「牠必須知道怎麼回去巢穴，但同時也得記住不同地方發生的事情，以免重蹈覆轍。例如，『上次來這裡時，那面牆的後面有一隻貓』或『上次我在這裡往左走，結果選錯了方向，所以這次要往右走』。空間本身與空間裡發生的事情，很有可能在大腦中融為了一體。」

## 分隔記憶的空間邊界

自傳式記憶最令人困惑的一點是，我們的生活由連續不斷的經驗組合而成，但我們記得的卻是一系列不同的情節。當你回想上個星期六，那些時光的記憶不會像影片快轉那樣以連續動作回放，而是呈現一個個簡化的片段，猶如一套精選輯。

大腦如何決定情節的形成？也就是說，它要何時按下錄影鍵？地點是一個主要的決定因素。大腦會將同一個地點發生的不同事情存入同一段情節記憶裡；當個體移動到另一個地點，錄製的動作就會重新來過。換言之，空間邊界即為事件的分界。近期，約克大學實驗心理學家亞德里安・霍納（Aidan Horner）率領的研究團隊進行了一項縝密的虛擬實境實驗，以證明空間對長期記憶的重要性。他們請一群志願者在電腦成像的房子裡遊走，這棟房子有四十八個房間，各自以門口相連。每個房間有兩張桌子，而每張桌子上都擺了一個物品。受試者必須在移動的同時依序記憶每一個物品。過了一段時間，研究人員讓他們進行一系列測驗，看看他們記得多少物品及其出現的順序。例如，受試者看到嬰兒車的圖片時，就得說出在它之前或之後出現的物品是什麼。

測試發現，如果題目對應的物品全都出現在同一個房間，受試者想起正確答案的可能性會遠高於其他情況。其中的關鍵是脈絡：如果他們曾在同一個空間裡看到一台嬰兒車與一個女孩，就能輕易從嬰兒車聯想到女孩。穿越房門的動作似乎會「像書擋般切割」他們的記憶，而發生在兩個書擋之間的事件，在記憶裡依然緊密相連。

穿越房門的動作，似乎對記憶的組織造成深刻的影響。這會徹底破壞短期或工作記憶，加快它們從腦海中消失的速度。每次你到了廚房卻忘了原本要拿什麼東西，其實都是「門口效應」（doorway effect）在作祟。對此有個說法是，跨越邊界的行為，會清除工作記憶的暫存記憶，並將內容轉存至長期記憶。如霍納的實驗所示，想清楚記得過去發生的事情，最好的方法是將它們分成一章又一章。

由此可證，不論是在人類與動物的心理狀態或肢體行為上，空間邊界都一樣重要。如之前所述，所有哺乳類動物（包括人類）在探索新環境時都傾向沿邊界而行，而邊界正是認知地圖的主要特徵。海馬迴的位置細胞對於邊緣、牆面與邊界的敏感性，受到邊界細胞所驅動。我們可以推測，這些細胞同時也負責定義情節記憶的分界。如果海馬迴為每個空間都指定獨特的位置細胞放電順序，也就是建構一個獨特的認知地圖（神經科學家正是如此認為），空間中發生的事件就有可能與專屬的地圖形成連結。

這是否意味著，每一段情節記憶都有不同的認知地圖？我向霍納提出這個想法時，他遲疑了——考量關於這種現象已有不計其數看似合理卻未經驗證的解釋，他有這種反應是可以理解的。他說：「這顯然有可能，但我們沒辦法確定。」然而在二〇一七年，他在倫敦大學學院認知神經科學研究所的同事丹・布希（Dan Bush）證明了，如果受試者出了房門後又立刻回到同一個房間，那麼走過門口的動作並不會「切割」長期記憶或干擾記憶的回溯。布希認為，這個發現印證了長期記憶的認知地圖理論：一個人之所以在干擾下依然能夠想起同一地點發生的不同事件，是因為這些事件由相同順序的位置細胞編寫至記憶裡。但他也承認，由於神經科學家難以研究活體人腦中的個別神經元，因此想確切證明這項理論，可能還有一段路要走。

## 腦內漫遊

既然大腦的空間系統已知有助於回想過去，那麼，它還能幫助我們思考未來，就不令人意外了。一方面，空間系統讓我們得以想像旅程。霍納的團隊透過另一項虛擬實境的實驗來測試這一點，而這次是利用功能性磁振造影儀。研究人員同樣請受試者在虛擬地貌中尋找物品，接著要求他們閉上眼睛，**想像**自己重複相同的行為。掃描受試者的大腦後，研究人員發現，他們在實際尋找與想像畫面的兩項任務中，內嗅皮質的神經活動都出現了類似網格般的模式。功能性磁振造影儀無法特別顯示個別神經元的活動，但這項模式很可能是作為認知地圖要素的網格細胞所致，這意指，網格細胞讓我們可以在心理與生理上漫遊於空間中——能在腦中想像旅程，也能親身遊歷現實世界。

近年有其他研究人員證明，網格細胞也涉及與空間導航或定位完全無關的抽象心理任務。在一項極具原創性的研究中，牛津大學的亞歷山卓・康斯坦丁內斯庫（Alexandra

Constantinescu）、吉兒・歐萊禮（Jill O'Reilly）與提姆・貝倫斯（Tim Behrens）設計了一項活動，在當中一群志願受試者必須使用鍵盤將鳥的剪影塑造成各種形狀。他們可以伸長或縮短鳥的頸部與下肢，來讓牠變成鸛、鷺、鸊鷉、天鵝、塘鵝或任何鳥禽。過了一段時間，受試者應要求在腦中**想像**那隻鳥改變形狀的樣子（想像牠的脖子或雙腳拉長或縮短成各種比例），同時，研究人員利用功能性磁振造影儀監測他們的腦部活動。這項活動旨在探究，通常負責組織空間知識的大腦區域〔例如內嗅皮質、腦迴皮質與前額葉皮質（prefrontal cortex）〕，是否也參與了概念性知識的組織工作。「那些腦部區域做了許多跟空間無關的趣事。」貝倫斯在寄來的電子郵件裡寫道，「我很好奇，這些區域的網格細胞都在做什麼。」

讓許多人意外的是，功能性磁振造影儀的掃描結果顯示，大腦將這項抽象的活動視為空間任務：從受試者當下的大腦活動看來，網格細胞將一維的視覺形象繪製成**二維**的地圖，拉長鳥兒頸部的動作，導致網格細胞沿著一道軌跡放電，而拉長鳥兒雙腳的動作使它們沿著垂直的軌跡放電。若同時做這兩個動作，則會導致網格細胞在介於兩條軌跡之間的一條線放電，其角度依據受試者想像的頸部與雙腳的比例而定。如此看來，網格細胞確實能幫助受試者解決問題。貝倫斯推測，這顯示作為空間認知基礎的網格細胞，也被大腦用於解決抽象問題。大腦的空間系統似乎不只利用認知地圖來描繪空間，還藉此統整許多不同類型的知識。它不僅能幫助我們進行心理導航，還有利於探索外在世界。

這類的研究發現引發了關於認知運作本質的諸多猜測。其中一個頗具爭議的看法是，語言——可說是世界上最根本的抽象知識系統——本身即建立於空間架構之上。這個論點出自約翰・歐基夫，位置細胞的發現者與實事求是的經驗論者，因此格外令人玩味。他雖然畢生致力研究海馬迴及動物與空間的互動，但並不排斥涉足一己專業以外的領域。

將近半世紀前，歐基夫在早期針對位置細胞的研究中便思考過，認知地圖系統作為語言深層結構的可能性。他直覺認為，語言的存在是讓人類能夠分享有關物質世界布局的資訊，譬如重要資源的位置與取得資源的方式，而語言就如同記憶，借助了海馬迴（尤其是主掌語言處理的左側海馬迴）及大腦其他區域的力量。他指出，所有的語言都圍繞多為描述地點與物體之空間關聯的介系詞而發展。

常用的介系詞包含「在⋯後面」、「在⋯前面」、「在⋯旁邊」、「越過」、「在」、「到」、「從」、「在⋯之中」、「在⋯外面」、「在⋯之下」、「在⋯之上」、「在⋯上方」、「在⋯下方」、「經由」與「穿越」。它們連接名詞與名詞、代名詞與代名詞，但在許多語言中偶爾也會作為字首或字尾。介系詞在語言中代表方向與距離，就如同向量在幾何學中扮演的角色——不只可指涉字面上的意思，如「從倫敦開車到巴黎」，也可用於比喻意義上，如「從莊嚴肅穆到滑稽可笑」。歐基夫猜測，左側海馬迴為我們提供了語義地圖及空間地圖，但他也承認自己尚未找到證據，有待其他人論證。二〇一七年，奧胡斯大學的尼古拉．武科維奇（Nikola Vukovic）率領的認知神經科學團隊證明，聽別人說話時，我們會利用大腦的空間區域來處理以介系詞為基礎的語句，譬如「我在剝香蕉」或「你在切番茄」，而句子表達的觀點決定了大腦的哪一個區域會變得活躍。假設話者使用「你」這個介系詞，促使我們從自身角度思考事情，這時大腦的頂葉皮質（parietal cortex）——一般為「自我中心」導航的驅動因素之一——便會產生反應。如果話者採用第一人稱角度，迫使我們從**他們的**觀點來看待事情（也可說是採取更具空間性的觀點），則處理語言的區域主要會是左側海馬迴，而這正如歐基夫所料。

空間性隱喻無所不在。下次如果有人要你「沿著記憶的小徑走」、「將一切拋諸腦後」、「客觀看待大局」或「設身處地為別人著想」，記住，這是他們的原始大腦在說話。我們描述社交關係時經常使用這種語言，例如「親密好友」、「疏遠」、「朋友圈」、「趨炎附勢的人」等等。這類的空間性用詞對於描述人際關係的助益，就跟想像自己與物體或地標之間的幾何關聯一樣實用。

我們將空間語彙套用於人際關係，以及大腦會依照描繪空間的方式來刻劃人際關係，其實並不令人訝異。你也許還記得開章曾提到，人類之所以演化出導航能力，有可能是因為舊石器時代的人們需要維持範圍廣達數百里的社交網絡。以蝙蝠與大鼠為對象的實驗顯示，位置細胞描繪的不只是個體本身在空間中的位置，還有其他個體的位置，由此可見，對牠們來說，知道朋友位於何處十分重要。在人類身上量測這種機制的難度頗高，但假如大鼠等動物有這項特質而我們沒有，會是一件非常奇怪的事。

近期，丹妮拉・席勒（Daniela Schiller）在紐約西奈山醫學院帶領的一群神經科學家證明了，人類大腦會採用空間方法來處理複雜的社交互動。席勒長期研究情緒如何在大腦中產生，而她特別感興趣的是，人們如何面對創傷經驗（她的父親是猶太大屠殺的倖存者）。她發現，韌性堅強、經歷創傷後仍能充實而成功地過生活的倖存者，都有一個特質，那就是社交技巧純熟。「他們描述創傷經驗的方式，顯現出對社交環境極為敏銳、成熟的理解。」她告訴我，「舉例來說，他們知道納粹士兵在盤算什麼，或者鄰居們其實不懷好意。他們能夠定位社交環境中的每個人，而這種能力有助於生存。」

席勒想知道這種社交智慧是否反映在大腦的運作，以及大腦如何追蹤人與人之間的連結，因此她與同事們發明了一個「關係遊戲」，讓志願受試者與虛擬人物互動，同時接受功能性磁振造影儀的監測。隨著遊戲的進行，研究團隊操控了會影響所有人際關係變化的兩個因素：權力（你必須服從對方，還是有權指揮對方？）與聯繫感（你有多願意與對方分享私人資訊？）。「假設你有兩位好友，其中一人掌握極大權力，成為你的上司。」席勒解釋，「那會立刻影響你對他們的聯繫感。」所謂的聯繫感，就是信任的程度。

她發現，受試者與虛擬人物互動時，左側海馬迴的血流量會因兩者關係的本質而異。席勒認為，海馬迴追蹤社會性面向——此指權力與聯繫感——的方式與追蹤空間面向的方式一樣。這並不是第一項發現空間與社會認知具有關聯的研究。二〇〇四年，德州大學的研究人員發現，對墨西哥人抱持負面社交態度的學生，過分高估了墨西哥城市與自家校園的距離。一如席勒提出的理論，這些學生將地理距離當成了社交距離。

除了揭露社會認知的空間性質之外，席勒的研究也讓她意識到情緒復原力的關鍵。受試者之中，社交方面最有自信的人，在神經質與社會焦慮測驗中得分最低，大腦中的海馬迴也最能準確追蹤他們與虛擬人物的關係。看來，席勒無意間發現了社交技能、可能還有心理復原力的神經標記——而這恰巧位於大腦導航中樞的核心。

## 海馬迴與心靈

如果大腦處理社交挑戰與處理空間挑戰的方式類似，你可能會預期，這兩種技能具有密切關聯。但事實真是這樣？假如你在陌生城市裡不靠衛星導航也能認路，就代表你可能也擅長解讀工作環境的社交動態，並能以此作為優勢？直覺上也許是如此，但目前尚未有證據出現。除了海馬迴的因素之外，還有許多因素會影響社交智商。不過，良好的心理健康無疑在某種程度上仰賴海馬迴的運作。抑鬱症、精神分裂症、反社會傾向、創傷後症候群與自閉症全都與海馬迴的運作失衡有關。這些病症導致的慢性壓力似乎會使海馬迴萎縮（雖然這個區域也有可能在個體患病前就衰退）。這說明了，為何精神疾病會如此無差別地影響認知：萎縮的海馬迴就像生了垢的心臟，會妨礙許多重要的生命機能。

精神疾病對社會認知造成的影響，也許是它最具殺傷力的特性——使個人判讀「社會地圖」與形成及理解人際關係的能力減退。其中，抑鬱症是一種孤獨的疾病。重度抑鬱的患者生活在一個前世界裡：他們從心靈的洞穴中窺視生命的流逝。在《離快樂就差這麼一點》（*This Close to Happy: A Reckoning with Depression*）中，達芬妮・墨金（Daphne Merkin）描述，孤獨彷彿「包覆了我全身上下……如影隨形」。威廉・史帝隆（William Styron）在《看得見的黑暗》——最早問世的抑鬱症患者自傳之一（直至一九九〇年才出版）——中表示，那感覺就像「無邊無際且令人心痛的孤獨」。這種孤立帶來的恐懼感與可能導致的後果，再怎麼高估都不為過。這是一種迷失的恐懼。對史帝隆而言，但丁神曲《地獄篇》裡的這三句話最能貼切形容他的抑鬱感受：

走到人生旅程的半途
我在幽暗森林中迷了路
看不見前方的康莊大道

任何曾在幽暗森林、沼地或深山迷途的人，都能證明當下這種發自內心、扭曲思想的恐懼。徹底迷失方向，會觸發某種原始的感受。對舊石器時代的人類而言，迷路幾乎代表了死亡——在意料之內，這種想法有部分依然根植於我們心中。迷路與抑鬱並不相同，但它們會造成一些共同的情緒與心理後果：扭曲的決策，感覺孤立於周遭一切之外，深信自己即將死去。它們的語言也相通：抑鬱症患者都形容自己像在大海中漂流不定、無所依歸。心理與生理的迷失，從比喻——或許還有認知——方面說來，都是相容的。在抑鬱的世界裡，沒有任何空間能帶來安全感。

有時，漂泊無依的感覺會一再出現，使當事者在生理及心理上都漫無方向。卡加利大學的研究證實，高度神經質或自尊低落的人，特別難以建構認知地圖與想像不同地標的空間關係（即「俯視」全景）。這很有可能是海馬迴中位置細胞上的壓力荷爾蒙造成的負面影響。其他研究顯示，創傷後症候群的患者也有類似的障礙。就此而言，他們的空間能力失靈其實是患病的原因，而不是附帶的傷害。如此一來，他們無法像我們面對正常事件那樣，消化令人痛苦的情景並將其整合為連貫的記憶，只能日復一日地活在不斷重現的負面情緒裡。

心理與認知方面的病症會引發奇特的空間行為習性。失蹤人口搜救專家發現不同的疾病會造成特殊的漫遊模式，並以此來決定搜救地點。例如，經常走失甚至在到處遊走之前便已不知道自己身在何處的失智症患者，傾向沿著直線前進。這類病患是英國搜救當局通報的第二大失蹤人口；第一名是到處晃蕩的意志消沉者與抑鬱症患者，其人數是走失的失智症患者的兩倍多。

絕望為何讓人們想四處遊走？或許那些人迷失了方向，所以到處找路；或者他們試圖逃離有過不快樂回憶的地方；抑或是決定徹底消失。搜救人員知道該從何找起：想不開的人通常會希望重溫自己熟悉的地方最後一次，例如野餐的地點、觀景台或林間小徑。具有意義的地方能讓人感覺得到救贖，即便是最後一次造訪。

倘若心理狀態能夠破壞我們與空間及地方的互動，那麼反之亦然：逼仄的環境可能會引發精神崩潰。哲學家莉莎・剛瑟（Lisa Guenther）在二〇一三年的專題研究中寫道：「要毀掉一個人有很多方法，其中最簡單也最毀滅性的一種是長時間關禁閉。」關在戒備森嚴的監獄裡的囚犯、綁架受害者與長時間待在狹小空間的人們，因為有限的空間而痛不欲生。在此情況下，恐慌、妄想症、對外部刺激過度反應、強迫性思維、感知扭曲、幻想及思考與記憶困難是常態，極度精神變態與永久性心理受創也不在少數。他們被迫在只放得下雙人床的空間裡生活，認知功能（許多由空間組織而成）近乎崩潰。這樣的生活條件，侮辱的不只是一個人的自尊與移動性，還有存在的本質。

最重要的是，單獨監禁剝奪了個人的社交空間。「在你眼前與身後是無邊無際的陰鬱大海，那種鋪天蓋地而來的空虛與寂寞感，會讓你失去求生意志。」這段話出自莎拉・紹爾德（Sarah Shourd），她在二〇〇九至二〇一〇年被關在伊朗一間狹小的監獄裡長達四百一十天（她將侷促的空間形容為無盡的荒涼，跟地獄沒有兩樣）。紹爾德經歷了社會學家所謂的「社會性死亡」：她深信所有的親人與好友都遺忘了她，而她漸漸變成一個與以往的自己全然不同的人。我們的身分認同主要由社會所建構，假如不能與別人進行有意義的接觸，我們就會無法定義自我。哲學家剛瑟表示，將一個人關在一個小到只能來回踱步的地方，會使他／她無法得到其他人視之為理所當然的東西：「不受拘束地感知這個世界，與他人相互歸屬與交往。」

許多關禁閉的囚犯起初極度渴望與他人接觸，到最後變得迷惘與精神衰弱。他們失去了建構社交地圖的能力或意願，因而在出獄後難以適應正常生活。儘管二〇一一年聯合國反酷刑特別報告員呼籲世界各國禁止單獨監禁以避免其對囚犯造成永久性精神損害，但今日美國仍約有八萬名囚犯受到某種形式的單獨監禁。

## 想像空間與正向心理

失去空間會讓人崩潰，但若透過明智且別出心裁的方式加以運用，或許能夠帶來救贖。一些遭到單獨監禁的人努力發揮想像力，超越物質現實的殘酷，成功讓心靈保持完整。因謀殺罪而在德州監獄蹲了四十年的麥可．朱爾（Michael Jewell）表示，他想像自己在奇幻的場景中肆意遨遊、與陌生人交談，才熬過了七年的禁閉。他向《鸚鵡螺》（*Nautilus*）雜誌透露：

> 我會想像自己走在一座公園裡，遇到坐在長凳上的一個人。我問他／她介不介意我坐下。我說：「今天天氣真好。」對方回我：「的確。」……我一邊與對方聊天，一邊看著路人慢跑、騎單車與溜滑板。我們的對話會持續大概半小時。之後，我張開眼睛站起來，會感覺整個人神清氣爽，甚至精力充沛。

未必得把自己鎖在暗無天日的牢房，才能享受空間想像的好處——日常生活處處都能從中獲益。冥想即是一種能有效讓自己擺脫雜念的方法，你可以想像那些惱人的念頭漂浮到水池的彼端或消散在空中，藉此遠離它們。許多作家下筆前都會想像故事的脈絡。英國作家托爾金繪製了好幾版「中土世界」的地圖作為《哈比人》與《魔戒》系列的奇幻背景，以利創造角色與故事線，而他曾說自己「聰明地先創造地圖，再編寫合適的故事」。面臨危機或需要重新振作時，我們可以透過故事的創作與述說來發展自己的敘事。社會學家亞瑟．法蘭克（Arthur Frank）在《帶著傷痕說故事》（*The Wounded Storyteller*）一書中主張，故事「可以修復疾病對一個人在生活中的地域感與展望。這是重新繪製地圖與尋找新目標的一種方式」。

我們可以藉由**存在於**空間裡來有效運用認知地圖，意思就是，無時無刻與物質空間互動。我們經常在不知不覺中這麼做：常常有人一邊講電話，一邊走來走去，在人行道上勾勒對話的軌跡。人們有可能不會記得自己有來回踱步，但這個動作是有功用的：將問題呈現在物質空間中，有助於思考與記憶問題。史丹佛大學認知心理學家芭芭拉．特沃斯基（Barbara Tversky）發現，如果人們在聽取關於複雜空間的敘述時親手描繪出來，能夠記得更清楚。手勢不只可用於溝通想法，還能在言語未能充分表達時呈現意義與想法。同樣地，這也許不足為奇，如特沃斯基所言：「空間早在語言問世之前便已存在。」

我們與周遭環境互動或進行空間想像時，海馬迴在做什麼呢？它很可能火力全開。活躍的海馬迴意味著健康的認知，而特定的空間活動特別能觸發它的運作。利用衛星導航系統找路（等於被別人牽著鼻子走）並不屬於這類的活動，事實上，這時刺激的是大腦的另一個區域。相較之下，利用空間來導航，研究地貌與想像所在位置與目的地之間的關聯——即建構認知地圖——有助你敲開認知的大門。對於因疾病而海馬迴受創的抑鬱症、創傷後症候群或其他疾病患者而言，尤其如此。發現神經質傾向與空間能力有關聯的卡爾加里大學研究員認為，鼓勵精神病患找路，可以刺激海馬迴中位置細胞的發育，或許有助於減緩他們的症狀。撇開生物學不談，空間導航促使個體必須專注於地標之間的關係，可作為健康精神生活的範本，以及對抗孤獨甚至憂鬱的利器。治療師通常會鼓勵病患，投入社交與接觸自身直觀經驗以外的觀點以建立人際關係，如此才能反轉伴隨精神壓力而來的封閉傾向。

透過導航排解孤獨的想法，與流行病學家及公共衛生官員日益建立的認知一致。二〇〇九年，美國三所大學的研究人員分析麻州數千個社交網絡中孤獨人口的分布，發現這些人有群聚傾向，也就是說，假使你感到孤獨，你最常聯絡的朋友更有可能是如此，這也是人們難以擺脫孤獨的一個原因。近年來，英國一些地方官員開始製作「孤獨地圖」，以找出社會中最孤立的居民並對症下藥。下一步顯然是幫助這些人得到更多的陪伴，而最好的做法是，讓他們有機會認識社交圈以外的居民。

經由尋路達到正向的心理狀態，聽來像是不切實際的美夢，但有鑑於腦中地圖長久以來對人類的演化與發展造成的決定性影響，它們可以帶來健康方面的助益，是說得通的。人類是空間性動物，感受環境的方式對我們影響深遠。在下一章，我們將進一步檢視這種互動：人的大腦如何認識陌生的環境，我們運用哪些心理策略來找路，以及哪些認知機制維繫著我們與周遭環境的連結（還有為何它們一向不管用）。這個世界遼闊無際、奇特神祕，有時還令人害怕；雖然人類擁有先進的科技與精密的頭腦，但我們有辦法不讓自己永遠漫無目的地漂流其中，依舊顯得不可思議。

# 第五章

# 從甲地到乙地，再從乙地到甲地

- 最複雜與困難的認知任務
- 如何運用內建的導航系統
- 終極的自我中心導航策略——路徑整合
- 全盲的導航者
- 人的導航習性——朝向「北方」

## 最複雜與困難的認知任務

不久前，我與妻子在南美洲當背包客時，到聖佩德羅德阿塔卡馬旅遊，那是一個位於智利廣闊的北部沙漠東緣、房屋全以泥磚砌成的綠洲村落。抵達後，為了深入當地，我們租了單車，騎了約十一公里到名為「惡魔峽谷」（Quebrada del Diablo）的砂岩地形，那兒有條路徑沿著飽受侵蝕的峭壁蜿蜒通往一處懸崖，可俯瞰遼闊的曠野與東邊的安地斯山脈。我們從谷頂往下騎了近一公里後遇到四名年輕的歐洲女性，她們跟我們一樣也開始懷疑，在烈日當頭下騎單車爬上沙丘，是不是一個錯誤的決定。

下午回程時，我們在峽谷路徑上遇見了兩名警察，他們問我們有沒有看到「四個走失的女孩」。我們回說，從她們迷路之後就沒看到人了。不久後，在回去聖佩德羅的路上，一台裝甲吉普車閃著藍燈疾駛而過，隨後一名智利年輕人騎單車衝過來，氣喘吁吁地問我們有沒有遇到跟他租車的「奇卡斯」（chicas，西班牙文的「女孩們」）——其中有一人一個半小時前打電話來，說她們迷路走不出惡魔峽谷。我們回到鎮上時，大家都在談論她們的事。

阿塔卡馬是全世界最乾燥的沙漠，夜晚漫長寒冷，不難理解大家為何擔心那幾名年輕女孩的安危。我記得她們穿著短褲、T恤和夾腳拖，身上帶的水足以撐過一個下午。當地居民透露，惡魔峽谷儘管聽來嚇人，但幾乎從來沒有觀光客在那裡迷路；主要路徑上有兩、三條岔路，但都通往同一個地方，要走錯都難。到了傍晚，女孩們依然不見人影，警方派員騎摩托車帶上強光探照燈前往峽谷搜救。

迷路這件事很容易淪為笑柄，卻有可能發生在任何人身上。不靠衛星導航、沿陌生路徑從甲地到乙地（然後回到甲地），是最複雜與困難的認知任務之一。若想達成任務，你需要仔細觀察周遭環境，牢記地貌特徵與其彼此間的關聯，計算距離、調整移動、辨別方位與留意方向的改變，規畫及隨時更改路線，並處理各種感官資訊。不出所料，這需要大腦多個區域的運作：腦迴皮質負責記憶地標，以及理清行進方向與當地幾何空間的關聯；海馬迴與內嗅皮質負責建構認知地圖與處理路線；前額葉皮質協助進行決策與規畫；旁海馬迴區（parahippocampal place area）與枕區（occipital place area）負責解讀視覺景象；後頂葉皮質（posterior parietal cortex）主掌視覺空間的感知與協調。如果其中一個區域運作失靈或海馬迴缺乏灰質，如果我們未能留意重要的地點，或者在焦慮之下選擇往左而非往右，如果我們因為與同伴發生爭吵而分心，或者先入為主地誤認回家的方向，其實就是迷路了。你也許覺得導航很簡單，直到出了差錯為止。

倘若你依然不這麼認為，應該見見紅鬍子艾瑞克（Erik the Red）。艾瑞克是麻省理工學院電腦科學家萊斯理．帕克．凱爾布林（Leslie Pack Kaelbling）所設計的導航機器人，以一位犯了各種暴力罪行而被逐出挪威、之後開始「探索」格陵蘭的維京探險家命名。機器人艾瑞克也是一位探險家，不過它的野心只求在辦公室避開家具到處移動，傳遞文件到員工的桌上。考量它將近二十年前問世，功能運作得算相當良好。

艾瑞克的導航能力與現代人相比也許顯得原始，但它仍需借助大量科技才能認識環境、辨識地標與建立初步的空間記憶。它利用影像串流來監測光流與辨認邊緣與輪廓，利用雷射光束感測距離，使用紅外線「觸鬚」進行短程互動，透過聲納描繪地形及撞擊感知器來防止碰撞。艾瑞克配有一套運算法，可根據這些輸入做決定；人類導航系統的複雜程度大約是它的一千倍。

## 如何運用內建的導航系統

人類天生具備內在導航系統，其精密構造與能力遠遠超越任何人造系統。但是，我們如何運用這套系統？

心理學家發現，人在陌生地形中找路時，會遵循兩種策略之一：以所在位置為中心，建立其與周遭一切事物的連結，即「自我中心」導航法；或者根據地貌特徵及其彼此間的關聯來辨別自己位於何處，即「空間」導航法。自我中心導航法就類似依照一系列的指示行動：到轉彎處前會經過幾條街？到了之後應該左轉還是右轉？相較之下，空間導航法則採取鳥瞰角度：我家位於那座山丘的哪個方位？我應該往南走，還是往西走？前者跟隨自己的直覺，後者在於綜觀全貌。

兩種方法在一定程度上都有效，許多人都會交替使用。自我中心導航法通常較為簡單快速，如果你經常走同一條路（例如每天通勤），選擇這種方法是說得通的。但是，你不應該一直依賴它，因為假使有某個線索與現實不符（譬如道路封閉或地標消失），你就沒有地理知識可運用，也無法計算繞道而行需要多少時間。唯有空間導航法才能讓你徹底瞭解周遭環境及自己與它們之間的關聯。自我中心的觀點是單點解釋，就如同傳統照片；空間性觀點比較像是英國攝影師大衛．霍克尼（David Hockney）拍攝的地景，富含深度與各種視角。

如你所料，這兩種方法運用大腦不同的區域。自我中心導航法仰賴兩個區塊：大腦中樞附近名為「尾核」（caudate nucleus）的結構，負責控制移動與學習慣性行為；另一個是後頂葉皮質，位於腦後側附近，主掌空間推理。另一方面，空間導航法受大腦中負責描繪地圖的海馬迴所驅動。慣用這種方法找路的人們，海馬迴的灰質較多，原因可能是他們比一般人更常運用這個區域；採用自我中心導航法的人們，尾核的面積也比其他人來得大。

這顯然暗示著，大腦會對我們運用它的方式做出回應①。導航心理學研究發現，在所有人口中，採用自我中心導航法與空間導航法的人數約各占一半。其中，大腦的回應依不同的年齡、性別、文化、生長地區、健康狀態甚至慣用手，而有顯著的差異（下一章將探討這些因素為何如此重要）。

如果你擅長找路（意即你能夠在不熟悉的地區穿梭自如，同時保持方向感與知道自己身在何處），那麼空間導航法幾乎可以確定是你天生的導航策略。這是因為有效的導航需要認知地圖，而自我中心導航法相對難以滿足這項條件。擅長找路的人由於採取空間導航法，海馬迴似乎比別人「發達」——至少針對大學生的研究是如此顯示。目前尚未有研究分析過因紐特人的祖先、玻里尼西亞水手、澳洲原民、阿拉斯加的毛皮獵人、美國陸軍遊騎兵、英國地形測量局的製圖師、定向運動比賽冠軍或其他知名「自然導航者」的大腦，但他們很可能都擁有得天獨厚的海馬迴。假設真是如此，這是拜練習所賜，還是他們天生具有「尋路人的天賦」？我們不得而知。

基因肯定是原因之一。二〇一六年，蒙特婁麥基爾大學神經科學家維羅妮克．波波特（Veronique Bohbot）帶領的研究團隊指出，載脂蛋白E（Apolipoprotein E，APOE）中對偶基因與眾不同的人們，比其他人更可能擁有大面積的海馬迴與使用空間導航法。這項發現特別有趣，因為研究中的對偶基因——APOE2——能保護個體不受阿茲海默症的侵襲，與APOE4不同（其使罹病的機率增加一倍）。一個人如果罹患阿茲海默症，最先受到影響的會是內嗅皮質、腦迴皮質與海馬迴，另一個早期症狀則是空間能力的衰退。波波特認為，擁有APOE2的人比較能抵抗阿茲海默症的一個原因是，海馬迴額外的灰質可抵禦疾病導致的神經萎縮。此外，這些灰質有可能隨著他們採取空間導航法而生，據波波特表示：「我們可以訓練那些體內缺乏這種有利基因的人們運用空間導航法，幫助他們促進海馬迴的發育和預防神經退化。」

波波特跟許多學者一樣，也相信有助於建構認知地圖的空間導航法比起單純照著路

①此外，找路時以自我為中心的人大腦尾核的密度高，空間導航者則擁有高密度的海馬迴。

線走更有效，即使這會耗費較多的腦力。認知地圖的建構，無法讓我們在陌生的地方下意識地找到回家的路，但這的確使我們得以建立關於生活區域可靠的空間記憶。認知地圖讓蜜蜂找到窩巢，讓大象找到水坑，讓候鳥能順利返回繁殖地。二十一世紀多數人類的導航技巧與其他動物相形見絀，這不是因為我們天生導航能力差，而是大多時候我們並未充分運用腦中地圖；事實上，年紀越大，我們越少使用它們。波波特發現，百分之八十四的人在兒時會採用空間策略，但長大後依然如此的人不到一半。然而，如果我們需要空間策略，隨時都有運用的能力——史前人類正是如此過了數十萬年。保持健康的海馬迴，也許還有延緩認知衰退，就是認識這個世界最好的方式。

## 終極的自我中心導航策略——路徑整合

在動物王國的許多導航專家之中，沙漠螞蟻傲視群雄。需要覓食時，牠們會從巢穴出發，沿著迂迴的路線行進，找到食物後，再排成一直線急忙跨越之前從未成功通過的地帶回到巢穴。牠們有辦法在距離巢穴至少一百公尺遠（一隻螞蟻身長的一萬多倍）的地方，計算回程路線（路徑整合）。這個成就是十分了不起，試想換作是人類，這就相當於離家在外漫遊一天一夜，然後選定一個方向直直走回家，途中完全不靠衛星導航系統。許多人的能力遠遠不及於此。

螞蟻進行路徑整合時，必須完全依靠自己對運動方向的判斷力。這項資訊來自可偵測線加速度與角加速度的與前庭系統（在人體中為內耳）、提供速度感的光流、時間意識及肌肉與關節的回饋。若要測試一個人的路徑整合能力，標準做法是讓對方戴上不透明的護目鏡沿著三角形區域走過兩邊，然後要求他／她走回起點。認知神經科學家柯林．埃拉德（Colin Ellard）發現，在這種任務中，人們的表現「幾乎全靠運氣而定」。如果每一步都踏錯，很快就會走偏。

最單純的路徑整合，就是終極的自我中心導航策略。偶爾旅遊時手邊沒有導航設備或周遭環境沒有地標或邊界，你才會採取這種方法，譬如在海上或沙漠中，或在伸手不見五指的地方。對多數人而言，這麼做不會有好下場。幸運的是，如果我們必須進行路徑整合，大多時候都有許多環境線索可用。在黑暗中抄近路穿越公園並不容易，這時若看到一棵奇形怪狀的樹或樣貌特殊的路徑，就能將自體移動（self-motion）結合視覺資料並修正錯誤。在現實世界中進行路徑整合，需要同時運用自我中心導航法與空間導航法，而這沒什麼好讓人丟臉的。就連沙漠螞蟻也得仰賴環境的幫忙，藉由對偏振光

（polarized light）的敏感度，來核對所在位置與太陽的位置所形成的角度。

我們嘗試進行路徑整合時，海馬迴的內部與周圍發生了什麼變化？你應該還記得之前提過，任何牽涉角度的移動都需要頭向細胞的參與，而任何涉及距離的移動都少不了網格細胞，因此我們可以假設，這時兩種神經元都會產生反應。然而，頭向系統需要地標才能穩定運作，而網格細胞先前被認為會向認知地圖提供不可侵犯的距離矩陣，如今已知會隨著環境邊界而調整放電模式。這或許可以解釋，為什麼我們試圖不靠任何地貌特徵找路時，往往沒多久就會走錯路。

## 全盲的導航者

尼可拉斯．朱迪斯（Nicholas Giudice）在康乃狄克州的鄉村地區長大，小時候經常騎單車在住家附近與森林裡閒晃。這聽來不足為奇，直到你得知他打從出生起就近乎全盲（視力為零點零一，視力正常者最遠可看見六百多公尺外的東西，而他最遠只看得到距離六公尺的東西）。如今，他是緬因大學空間資訊學系的教授，帶領的實驗室利用虛擬實境與其他科技以研究人們如何利用不同感官認識世界。「我一直很好奇人們在空間中如何運作，因為我知道自己跟別人不一樣。」他說，「小時候我會問別人，你還記得有次我們聽見那個聲音然後右轉的那個地方嗎？他們會回我：『你在說什麼？』」

談話過程中，朱迪斯全神貫注，不只專心聽你說話，也留意你的一舉一動、坐的位置與內心的想法。他之所以與眾不同，在於他一生致力追求之事——不靠視力地過生活——也成為他的畢生職志。儘管如此，他樂於自嘲：他開玩笑說，他看得最清楚的是火焰與金髮女郎，而這兩樣東西都曾讓他惹上麻煩。他形容自己是一個極度倚賴空間的人，總會想像所處環境是一張地圖，但他覺得最棒的是「不必對抗無可抵擋的吸引力」：我們在大學辦公室裡進行訪談時，他舒適地癱坐在黑色皮革的扶手椅上，腳邊躺著為他導盲的德國牧羊犬。

朱迪斯主張，你不需要親眼看到這個世界，才能充分意識到它的空間屬性。「人們說的視覺資訊，大部分其實是空間資訊。」他指出，「你看這個房間，到處都是邊緣、平面、線條、曲面，而它們彼此都有關聯。那些東西屬於空間性質，而非視覺性質。顏色則屬於視覺性質。感受一個空間，比看見它還花時間，但如果一個人能夠慢慢熟悉空間，也會做得一樣好。有大量證據顯示，非視覺感官建構而成的認知地圖，在運作與功能上與透過視覺建構而成的地圖並無分別。」

你不妨試試一個簡單的思想實驗，想像自己站在最愛去的酒吧裡的一張桌子前面。正前方有一個空盤子、一支叉子與一罐打開的啤酒瓶。那個盤子距離桌緣五公分，叉子距離盤子左側五公分，酒瓶則在距離盤子右上方五公分的位置，也就是一點鐘方向。你有幾種方法可得知這些物品之間的關聯：最直接的一種是直視它們（如果你視力正常的話）；另一種同樣準確的方法是，用雙手觸摸；或者，你可以請別人描述它們。不論選擇哪一種方法，在你心目中，它們的空間關係差不多都是一樣的。

朱迪斯總愛透過這個練習來證明，空間認知（認識周遭空間的方式）的運作與視覺處理是兩回事。我們可以透過任何可運用的感官來建構腦中地圖。神經成像研究所得到的結果也是如此。旁海馬迴區是大腦中處理三維景象的一個區塊，使我們能從不同角度看待同一個地方，而研究發現，不論接收到的空間資訊來自視覺或觸覺，它都能有效運作。大鼠實驗也顯示，腦中的位置細胞可以憑藉視力、聲音與觸感來繪製認知地圖，而我們有充分理由相信，人類也是如此。至於$\theta$波，也就是在動物移動時讓海馬迴中位置細胞同步放電的低頻振盪，在視障者與視力正常者的身上同樣能有效運作。

大腦無論接收到什麼資訊，都能從中建構可供我們認識世界的地圖，儘管在缺乏視力的情況下，這會需要付出更多心力。看得見的其中一個優點是，你只要瞥一眼，就能知道自己位於何處，以及剛才去過哪裡。視障者若想做到這一點，難度要高得多。「如果你問擁有視力的人，假如必須蒙著眼睛四處走動，他們會害怕什麼，得到的答案會是撞到東西、摔下樓梯，還有知道前方有什麼東西與如何避開它。」朱迪斯表示，「對視障者來說，這些都不是問題，因為他們有手杖、導盲犬或其他輔助工具。困難的點在於，知道自己身在何處、更新導航資訊與建構認知地圖。聽覺與觸覺所傳達的自體移動、距離及方向資訊，遠遠少於視覺。對視障者而言，散步不是放鬆與放空的好方法，而是需要不斷注意環境、耳聽四方與解決空間問題。」視障者不像一般人天生就能辨別各式各樣的聲音或瞭解移動與距離之間的關係，他們得從零開始學習。

朱迪斯走訪陌生的城市時，經歷的事物就跟任何視力正常的人一樣多采多姿，但這並非易事。舉個例子，假如他要從旅館到對街的麵包店，就必須留意一連串線索，而那些是視力正常者根本不會注意到的事情：提醒他繞過街道設施的腳步回聲、有助他判斷人行道上是否有露天座椅的人聲、腳下踩著斑馬線的觸感，還有讓他知道自己抵達目的地的麵包香氣。

一些視障人士學會像蝙蝠一樣解讀這個世界，利用嘖舌音或手杖輕敲後的回音，創造對前方物體的聲音表徵：那裡有一棵樹，這邊有一面牆，那裡有一群行人。不遺餘力提倡這項技巧並且以高超的回聲定位能力贏得「蝙蝠俠」稱號的丹尼爾・基許（Daniel Kish），說這個動作就像是在黑暗中點燃火柴。他表示，回聲會使視障者的大腦產生畫面，如同光線對視力正常者造成的影響。在二〇一五年題為〈我如何利用聲納在世界中導航〉（How I Use Sonar to Navigate the World）的TED演講中，他描述回聲定位為他帶來「三百六十度的視野，在我後面與前面都管用，轉角也行，還可以穿過不同的表面。這有點像是模糊的立體幾何空間」。

人人都可以利用回聲來定位。試著閉上眼睛，慢慢走向一面牆，然後在你碰到它之前停下來。大多數的人都可輕易做到，因為移動的聲響可提供相當準確的距離感。朱迪斯稱之為「面部測距」，不過這其實是利用聽覺——如果你在測試時摀住耳朵，很可能會一臉撞上牆。

若想解讀回聲，就必須注意它們的形狀。研究人員發現，視障者與視力正常者的回聲定位能力，具有明顯的個別差異，而這與專注的技巧非常有關係，而無關乎工作記憶與空間認知等其他認知能力。眼盲的導航者無法拋開包袱盡情地四處遊走，他們很快就會迷路，或拚命尋找立足處。對他們而言，出門漫遊就跟健身一樣，是一種知覺運動。這他們從這種感知意識中得到的報酬是，擁有對周遭環境生動清晰而層次豐富的印象。這不禁讓人好奇，如果我們充分運用所有感官，擁有的地域感與導航能力會比現在好上多少倍。

## 人的導航習性——朝向「北方」

人的導航習性十分有趣。幾年前的某個下午，我與未婚妻約好在她家附近的伊靈的一片草坪上的長椅碰面。我怎麼找就是找不到那張長椅，因為她跟我說它在地鐵站的「正北邊」，但事實上是在地鐵站的正西邊。當我跟她問起這件事，她告訴我，每次她從建築物或車站走到街上，都認為自己面向北方。後來我發現，許多人都有這個奇怪的想法，包含我的一位朋友在內——實在很難相信他在一間製圖機構上班。這種現象聽起來荒謬，實際上卻不然。

導航時，我們會運用來自身體與周遭環境的資訊，儘管若想實際到達任何地方，我們必須結合這兩種資訊並建立與物質世界的連結。最簡單的方法是，移動的同時根據環境裡能提供方向感與錨定大腦頭向系統的某個物體來比對方向，譬如一棟高樓或一條又長又直的道路。熟知如何使用地圖的人也可根據基本方位來找路，尤其是北方（假設你知道北方是哪個方向）：導航表現的測試指出，許多人在朝北方探索時，比較容易認識一個地方的布局，因為他們習慣「北方朝上」的地圖架構。

閱讀傳統地圖時，你會發現一般都是北方朝上，雖然這完全是製圖文化的人為產物，而且不影響方位的判定。中世紀的歐洲地圖「東方朝上」，與基督教的情感一致，而早期的伊斯蘭地圖則以聖城麥加的方向為準。重要的方向一律朝上。「北方朝上」的地圖在十六世紀蔚為常見，當時歐洲探險家開始利用北極星與指北針四處航行。從那時起，北方的概念在人們的想像中開始占據重要地位，象徵有待追尋的地方或永遠無法企及之地。標準的羅盤指針可讓你確知北方在哪個方位，除非你人就在北極，這時指針會瘋狂轉個不停，搞不清楚目的地為何。

為本書進行研究的期間，我在手臂上戴了一個名為「通北感」（North Sense）的裝置。每當面向北方，它就會震動，幫助你感受地球的磁場。我戴了一陣子，覺得它不只是實用的指向裝置，也是一種繫泊之物。拔掉它之後，我感覺自己與地球失去了連結，而且竟然十分想念它的牽引力量。假如它是名為「通南感」的指南針，是否也會讓我有同樣的感受呢？或許不會。

迫於這種象徵意義，我們在猶豫不決的時刻可能會誤以為自己正朝向北方，而這是可以理解的。這就如同我們傾向將腦中地圖扭曲成現實事物更簡單或更對稱的版本——不論資深或菜鳥的導航員都經常會如此。我們的大腦具有精密複雜的機制來繪製地圖與記憶地點，但是在設想全貌這件事上，我們是一廂情願的專家。我們會將柔和的曲線想像成直線，將斜角想成直角。我們會依照垂直與水平軸線重新排列城市的布局，這說明了為何許多英國人會忘了自己的國家在地理位置上向西傾斜二十度，而誤以為愛丁堡比布里斯托更偏向東邊。我們會將河谷與道路等顯著地景轉個方向，好讓它們對準基本方位。我們習慣性地低估主要地標之間的距離，神奇地縮小它們周圍的空間。

一九七〇年代，地理學家波科克（D. C. D. Pocock）在位於英格蘭東北部的家鄉杜倫展開一項研究，請觀光客與本地人描繪周遭環境的地圖。杜倫是一座依傍蜿蜒河流的陡峭堤岸所建的中世紀天主教城市，市內有數座橋樑各自面朝不同的方向，街道布局與紐約的線性設計一樣扭曲。雖然如此，多數受試者都將對角線畫成平行線，將不規則的形狀畫成對稱的圖形。他們在心目中將這座城市想像為方正整齊，陷入了波科克所謂的「執著於美觀的傾向」。最熟悉這座城市的那些人似乎最難美化它，畫出來的街道與地標醜得可以。

四十年後，心理學家丹・蒙特洛（Dan Montello）在加州大學聖塔芭芭拉分校進行了類似的實驗。美國臨太平洋的海岸線大多呈南北向，但聖塔芭芭拉附近這段海岸線為東西向，就連當地人都難以將這個事實對應到腦中的美國地圖（許多美國人以為自家的海岸線一路往南延伸到墨西哥邊界）。蒙特洛請學生們指出北方，結果有好多人指向西邊的海岸線，並誤將南邊當成了西邊。他們並沒有美化周遭環境，而是掉入了邊界偏誤（Edge Bias）的陷阱，也就是傾向將顯而易見的分界線視為方向線索。實驗結果讓蒙特洛不禁好奇，「聖塔巴巴拉郡南岸的許多居民是否有觀察到，太陽似乎從南邊升起，在北邊落下」。

為什麼我們極欲將地理學變得合乎己意？也許我們想藉由修整地貌的線條與調整它的邊界，以便理解與記憶它。又或者，調整的動作本身，屬於我們與一個地方建立連結的過程的一步。在某個地方尋得安全感的好處，可能勝過偶爾找不到路的風險。畢竟，有哪個人在家裡會迷路②？

讀到這裡，你應該已經瞭解人類如何導航、大腦在我們導航時如何運作，還有人們透過哪些策略與周遭的世界互動及熟悉環境。下一章將探討史上最有趣也最具爭議的問題之一：為什麼有些人比別人更會找路？研究人員發現，人們在尋路能力與空間技能上呈現顯著的個別差異。現在是時候來看看這些差異有多明顯，查明它們從何而來與為何重要，以及——儘管與普遍看法相悖——為何人人都可以成為更好的導航者。

② 事實上，還真有些人會如此。這部分將在第十章詳述。

第六章

# 各行其路

- 導航能力的天差地別
- 聖塔巴巴拉方向感量表
- 年齡的影響
- 導航的性別差異
- 找路策略選擇的性別差異
- 性別刻板印象
- 找路經驗的性別差異
- 定向運動對性別刻板印象的顛覆
- 導航能力發展的可能性

## 導航能力的天差地別

不久前妹妹問我，紐卡索市在英格蘭還是蘇格蘭。來自英國的讀者看到這兒應該會皺起眉頭，要是再得知我妹在杜倫讀了三年大學，肯定會大吃一驚；因為這座城市距離北方的紐卡索僅數里，離北方的蘇格蘭邊界則有整整一百一十三公里。這完全符合我們家對她的瞭解。從小在漢普郡鄉村地區長大的她，經常在開車拜訪朋友或親戚後打電話回家問路，完全不知道自己人在哪裡或當初怎麼到那兒。辨別地形與方位，從來都不是她的強項。你也許能夠想像，衛星導航一直都是她的救命仙丹。

大家身邊一定都有一個像我妹這樣的人，也都會認識一個與此正好相反的人，也就是自然導航者；像我就有一位表妹，只走過一次的路線，她在多年後仍記得清清楚楚。為什麼有些人認路的能力遠遠好過其他人，是人類導航最大的謎團之一：關於方向感與建構腦中地圖的能力的研究，千篇一律地呈現了巨大的個別差異。「如果你這方面很在行，就能迅速掌握類似地圖的環境表徵。」丹．蒙特洛表示，「如果你不擅此道，同一條路走再多次也記不住。」

想知道一個人擅長或不擅長導航，有個好方法是直接開口問。我們相當善於評估自己的空間技能（畢竟已與自己相處多年），而承認自己總是迷路並不可恥。嘗試深入探究的心理學家，一般都利用不同版本的古典「路線整合」測試進行實驗，請受試者探索兩條經由一條小徑相連的路線，然後問他們對環境有何認識。舉個例子，他們可能會請受試者想像自己在其中一條路線上站在一個地標的旁邊，然後指出另一條路線上的地標位於哪個方向，或者估算兩者間的距離，抑或是描繪地圖以呈現兩條路線之間的關聯。這些研究大多發現，受試者分成三類：一種可以快速掌握所有地標的關係並在腦中描繪整個區域的認知地圖；一種擅長記憶不同路線上的地標，但無法構築兩條路線的連結；另一種則在兩項任務中都束手無策。

## 聖塔巴巴拉方向感量表

這些顯著的導航能力差異來自何處？它們在多大程度上起因於遺傳、教養或經驗？這些問題難以解答，因為在陌生環境中找路，需要大腦多個區域共同運作，而且牽涉許多不同的認知功能，其中如決策與注意力等顯然對導航至關重要。相較之下，在腦中想像立體形狀旋轉或紙張摺疊等能力就沒那麼重要，但是有助於地圖判讀等活動——如果你能夠直接判讀北方朝上的地圖，而不必旋轉紙張好讓它跟你面朝的方向一致，那麼你或許就擅長心像旋轉（mental rotation）。

## 聖塔巴巴拉方向感量表

這份問卷包含一些有關空間與導航的能力、偏好及經驗的敘述。讀完每一項敘述後，請圈選一個數字來表示你的認同程度。「1」代表你認為該項敘述非常符合你的情況，「7」代表該項敘述非常不符合你的情況，其他介於中間的數字代表中等程度的認同。若你圈選「4」，則表示你不認同也不反對。

**非常同意 1 2 3 4 5 6 7 非常不同意**

1. 我十分擅長指路。
2. 我總是忘記東西放在哪裡。
3. 我十分擅長判斷距離。

4. 我的「方向感」一向很準。
5. 我總是根據基本方向來辨認所在位置（東、西、南、北）。
6. 我很容易在陌生的城市裡迷路。
7. 我喜歡看地圖。
8. 我很難理解方向。
9. 我很擅長判讀地圖。
10. 作為乘客時，我不大記得路線。
11. 我不喜歡替別人指路。
12. 對我而言，知道自己身在何處並不重要。
13. 長途旅行時，我通常會讓別人負責規畫路線。
14. 新的路線只要走過一次，我通常都能記得。
15. 我不大擅長建構對周遭環境的「腦中地圖」。

**以上為聖塔巴巴拉方向感問卷**

精通一項空間任務，並不表示你也擅長其他項：你有可能很會組裝家具，但方向感差得可以。雖然如此，技巧純熟的導航者大多在空間任務中十項全能。他們會留意周遭環境，在對的時機做決定，能夠從不同角度辨認曾經去過的地方，而且普遍擅長換位思考。他們擁有良好的工作記憶，能夠持續記錄自己走了多遠、轉了幾個彎，還有各個地標位於何處。這些人的海馬迴（處理詳細空間資訊的大腦部位）比一般人來得大。他們在「場域獨立」測驗（評判個人可以多輕易察覺體積較大且複雜的形狀中的簡單形狀）中獲得高分，而這項技巧非常有助於將地標、路徑與其他特徵整合至腦中地圖。此外，他們也擅長運用空間或「俯視」導航法，以及依據路線的自我中心導航法來找路，而且懂得適時切換。

熟能生巧的導航者未必是全方位的空間奇才，也未必具有其他方面的天賦——高智商並不代表方向感好，就像擁有杜倫大學自然科學一級榮譽學位的妹妹經常提醒我的那樣。然而，一些與導航相關的認知技能或許可為其他生活面向帶來莫大的幫助。兒童在小型空間測驗中的表現，可準確預示他們未來在科學、科技、工程與數學方面（所謂的STEM學科）的學業成就及事業成功：以建築師、平面設計師、技工或飛航管制員等志向為例，如果你小時候便擁有心像旋轉的能力，就比較容易達成目標（當然，動機與許多其他特質也同樣重要）。

人的空間技能在一歲以前快速發展，而且具有高度可塑性。讓孩子感受物體的形狀、動手組合與拆解玩具、從事空間益智遊戲、透過言語和手勢表達自己做什麼事情，以及接觸動作類電玩等，永遠不嫌早。美國費城天普大學心理學家諾拉．紐康姆（Nora Newcombe），多年來致力研究空間思考對兒童發展的影響，她認為家長與教師應該盡量鼓勵孩子從事這類活動。「空間性任務與挑戰處處皆是。」她在二〇一〇年與同事安德莉亞．弗里克（Andrea Frick）共同撰寫的一篇論文中指出，「如何才能套好床單？綁鞋帶時，左邊的帶子要在右邊的上面還下面？哪一邊才是左邊？購買的雜貨用一個袋子裝得下嗎？如果從另一個方向切貝果，會是什麼形狀？這種形狀的貝果放得進烤麵包機嗎？對幼兒來說，這些問題既具有挑戰性，又能提供大量空間學習與思考的機會。」

在這份量表中獲得空間技能嫻熟的評級，並不表示你精通導航。人在身處開闊的地域時，還有許多官能也會參與運作，例如決策、注意力與記錄移動的需求。紐康姆認為，在腦中想像物體旋轉的能力，「迥異於」在廣大空間中找路的能力，她指出：「這兩種能力仰賴的大腦區域截然不同。它們彼此相關，但程度不及許多認知結構之間的關聯。」以飛航管制員為例，他們必須擅長操控立體空間中的物體，但不一定得具備一流的導航能力。

如果心像旋轉等小規模的空間技能無法精準預測一個人的尋路能力，還有什麼辨得到？近期，設計聖塔巴巴拉方向感量表的瑪莉・赫加蒂（Mary Hegarty）發現，人格特質可解釋大範圍空間能力上多數的個別歧異。她在一項針對一萬兩千多人的研究中發現，擁有絕佳方向感的人具有強烈的外向性、責任心與開放性，在神經質傾向上的分數則偏低。

仔細想想，這一點都不令人意外。活力與熱情（外向性）、勤奮與細心（責任心）及好奇心與獨創性（開放性），全都是你在尋路時可派上用場的特質，因為它們會迫使你與周遭環境互動。焦慮與情緒不穩（神經質）則毫無用處。生氣勃勃、懂得自律、勇於冒險且富有自信的人，迷路的可能性遠遠少於沉默寡言、做事丟三落四、思想保守與怕東怕西的人（儘管大膽的個性有可能使你比較容易走錯路）。同樣地，如果你是個神經質的人，會相對不願意探索新天地，因而錯失增進空間能力自信的機會①。

導航技能取決於人格特質的觀點令人玩味。說到人格特質，我們往往想到這會影響人際互動，但正如赫加蒂的研究所示，它們也影響著個人與環境之間的互動。據說人格特質在一生中不大會變動，這意味著路痴很難學會認路。幸好，這個觀念是錯的。一個原因是，個性會改變，一個人有可能變得比以往認真用心（例如陷入愛河時）、不那麼神經兮兮（經由治療的介入）與更加隨和（經過歲月的洗禮）。一項近期發表的研究追蹤了六百三十五人從青少年到老年時期的變化，發現他們在十四歲與七十七歲時的人格特質毫不相干。

另一個原因是，個性並非唯一驅動行為的因素。行為在極大程度上因脈絡而定，譬如與誰相處、情緒狀態如何與曾去過何處。一個人在熟悉環境下淡然若定，但有可能到了未知的地方就變得手足無措。尋路過程中，有許多因素會影響我們的表現，其中如工作記憶、空間意識與地圖判讀技能等都很容易透過練習而有所進步。這表示，你有可能個性內向卻擅長找路，或處事認真卻是個不折不扣的路痴。如稍後將討論到，焦慮是尋路時最大的敵人，但如果你越勇於嘗試找路，久而久之就會越諳此道，也會越來越有自信。每個人的導航技能確實差異甚大，但將這視為一個成長的機會，而不是怨天尤人，才是明智之舉。「多數人在找路這件事上是否有可能進步？」蒙特洛說，「我確定這是有可能的。」

---

① 赫加蒂發現，五大人格特質中唯一一項與方向感無關的是親和性，但若你是跟一群人一起行動，這項特質的影響可就大了。

## 年齡的影響

二〇一六年，一群神經科學家、心理學家、失智症學者與遊戲開發人員共同發表了名為《航海英雄》（*Sea Hero Quest*）的手機遊戲，以調查人們的導航技能如何隨年紀增長而衰退。這款手遊旨在立下「健全」導航能力的基準，供醫界用於診斷會嚴重損害空間認知的阿茲海默症。他們原本的目標是募集十萬名受試者，但這款遊戲受歡迎的程度遠超乎開發人員的預期：除了幫助失智症研究之外，它也成為有史以來最大規模的導航能力個體差異的研究。目前為止，已有超過四百萬人下載這項應用程式。

《航海英雄》測試玩家們的尋路能力（能夠建構腦中地圖與在關卡中加以運用到何種程度）與路徑整合的技能。如同所有遊戲研究，這項實驗也面臨可在多大程度上模擬「真實」導航經驗的問題：受試者在遊戲中只會移動眼睛與手指，不會接受到任何來自前庭系統或身體移動的回饋，但這些都關乎路徑整合的能力，而且主要仰賴光流的刺激。雖然如此，負責引領此計畫資料分析的雨果・史畢爾比較了玩家在遊戲中的表現與在現實生活中的導航能力，結果發現，兩者密切相關。擅長找路的人在這兩方面都相當出色。

《航海英雄》成為了寶貴的研究工具，因為有許多玩家選擇與研究人員分享匿名的人口統計資訊，而這或許可以解釋，為何導航表現會因不同人口而異。史畢爾與團隊深入研究，一個人的空間能力，是否與性別、久居的國家、成長環境、教育程度、慣用手、**自認**的導航能力高低、日常通勤時間甚至睡眠有關。這些資料可幫助醫生在診斷失智症時瞭解個案典型的導航潛能，例如從小在鄉村長大、擁有大學學歷、慣用左手且每天睡七小時的五十五歲英國婦女。我們也能從中認識，生理運作、文化、背景與習慣對自己的導航方式有哪些影響。

結果出人意料。舉例來說，空間記憶與路徑整合的技能，從十九歲起到老年會逐年漸漸衰退——先前研究指出，這些能力直到中年才會開始退化。遊戲統計的資料也顯示，不同國籍玩家的表現存在顯著差異。史畢爾說：「這就像導航界的奧運金牌榜。」第一名是芬蘭，緊接在後的是其他北歐國家，以及加拿大、美國、紐西蘭和澳洲。英國與其他歐洲國家、俄羅斯及南非則屬於第二級；再來是南歐、南美、大部分的中東地區與東南亞國家；印度與埃及墊底。史畢爾注意到，如此的地理分布與人均國內生產總值一致，顯示某些經濟發展層面會直接影響空間能力。另一方面，北歐國家的優越表現或許可歸因於戶外定向運動的盛行：研究人員發現，一個國家的導航表現，與國內運動員在國際定向運動比賽中的成功互有關聯。這也可能是因為北歐國家的幼稚園注重自由玩耍，或當地許多學校都會教導學童如何找路。

## 導航的性別差異

談到導航差異，男性比女性擅長找路，是最具爭議或廣受誤解的一個觀念。大多數的研究人員都認為這通常是對的；領域中幾乎所有研究——包含史畢爾的《航海英雄》計畫——都發現，平均而言，男性的空間認知能力略優於女性。在想像立體物品旋轉等小型任務中，男性的表現要好得多（平均得分多過女性百分之七十五），而在現實生活中如找路與路徑整合的表現也超越女性。這些性別差異在七歲之前就已出現，只不過沒那麼明顯。不過，並非每一項空間技能都是如此。女性與男性同樣擅長在腦中想像紙張折疊的形狀（為何在心像旋轉任務中就不是如此，仍是個謎），而女性一向比男性**更擅於**記憶物品的位置。

儘管這些性別歧異的存在是不爭的事實②，但我們完全不知道它們從何而來。一般認為它們起源於人類的演化史。在人類發展出許多認知能力的史前時代，男性負責在廣闊的陌生地域裡狩獵與巡遊以覓食。空間技能強大的人可以搜索的野地面積更大，因此成了頂尖的獵人，而崇高的聲望讓他們得以到更遠的地方遊歷以尋覓伴侶。於是，這些技能一代傳一代。另一方面，女性留守聚落，大部分時間都在採集水果、根莖作物與其他主食。她們不必培養出遠門漫遊的能力，但需要記得作物種植的區域，而這也是到了現代，女性特別擅長找東西的原因（或理論上是如此）。

狩獵採集的理論極為可信，但無法解釋男女在空間能力上的差異——假使這可以作為原因，在空間能力上呈現相似性別歧異的其他物種（譬如草原田鼠）的雄性動物，便能透過活動範圍廣大的特性，提高生存機會或占有繁衍優勢，但目前學界尚未證明牠們確實如此。此外，靠狩獵採集維生的史前人類，是否真如我們通常描述的那樣過生活，至今依然不得而知。「演化心理學家專挑與他們主張一致的考古學與人種誌紀錄來舉

② 同時必須注意的是，這些性別差異在群體裡空間與導航能力的個別差異中只占一小部分，年齡、經驗與其他因素共同造成的影響更明顯。

證。」鑽研舊石器時代人類行為的加拿大人類學家亞莉安娜·伯克表示，「目前沒有證據顯示，古代的女性不會從事長程旅行與運用非自我中心〔空間〕的策略找路。」

數十萬年前發生的事難以確定，因此研究人員希望聚焦至今仍過著狩獵採集生活的少數部落。二〇一四年，猶他大學的人類學家發表關於納米比亞西北部乾旱山區的婗（Twe）與津巴（Tjimba）的研究結果，證實了性別差異的演化論。據研究人員觀察，這些部落的男性出外遊歷的距離比女性遠，在空間測驗中的表現也比較好，而移動範圍最大且空間技能最頂尖的男人們，一起生兒育女的伴侶也比較多——研究人員表示，這算是一種「出外遊獵的報酬」。

然而，現代過著狩獵採集生活的人們，存在漫遊行為與性別動態大不相同的許多例子。人類學家記錄了數個族群，以納米比亞東北部的朱霍安族（Ju/'hoan）為例，丈夫與妻子會一同尋找獵物，在灌木叢中移動的距離也不相上下。委內瑞拉西南部有一個部族名為「普美」（Pumé），他們遵循狩獵採集的傳統勞動分工模式，但女性到野地採集芒果的巡遊距離，比男性在獵捕動物時的移動路程還長（平均為十六點一公里比十四點六公里）。在玻利維亞北部低地的屈瑪內（Tsimane）原民部族中，女性與男性在叢林中步行數里以搜採水果、蜂蜜、木柴與藥草，是稀鬆平常的事。近年人類學家到部落探訪時發現，屈瑪內族的男女不論身在何處，都能準確指出所在地區的重要地點。以剛果共和國的茂密雨林為居的姆班吉拉巴亞卡人（Mbendjele BaYaka），也不分男女地擁有這項技能；如同屈瑪內族，姆班吉拉巴亞卡女性外出覓食、狩獵與捕魚的移動距離，跟男性一樣遠。

伯克表示，在永久定居的生活方式出現之前，狩獵採集部落裡的所有成年人肯定都會不斷四處遊歷。「年輕的男性與女性會把握機會拓展地域知識、結交朋友，甚至認識未來的伴侶。」對於過著狩獵採集生活的先人而言，導航技能無疑是不可或缺的生存工具，但如此看來，女性似乎跟男性一樣需要它們。

假如演化論無法解釋空間能力的性別差異，生物構造仍有可能是原因。有一種說法是，男性重要的荷爾蒙（如睪固酮）帶給他們空間認知方面的優勢，算是它們在性別發展中占據主要角色的副作用。一些態度積極的研究人員注意到，讓女性攝取一滴睪固酮，似乎有助增進定向技能。其他研究也顯示，女性的導航策略在月經週期中有所不同，當雌激素與黃體素濃度偏低時，她們會在尾核的驅使下按照路線前往目的地；當雌激素與黃體素濃度上升時，則會在海馬迴的主導下轉為採取空間性導航法。這不是什麼大事，因為性荷爾蒙會影響許多認知層面，沒有一個人例外。事實上，關於睪固酮研究的一項解讀是，注射的介入只會讓女性像男性一樣頻繁導航，未必都能帶來優勢。許多研究試圖將胎兒時期的睪固酮濃度連結到幼兒時期的空間任務表現，但得出的結果引起諸多分歧的看法。從睪固酮出發的觀點，似乎跟演化論一樣無法令人滿意。

## 找路策略選擇的性別差異

男女世界觀不同的主張有待商榷，但在導航這件事上似乎是如此。數十年來無數研究並未確立空間表現因性別而異的原因，但得到的結論都顯示，人類在廣大物質空間中尋路時，傾向採取不同的策略。女性往往更留意地標、根據地標規畫路徑，以及檢視周遭環境與所在位置的關係；男性則傾向借助非本地的參考點，譬如太陽或基本方位，或者想像自己從俯視角度綜觀全貌。如果你找男性問路，通常會得到距離與方位的資訊；若向女性問路，比較有可能得知有關沿途景色與地標的細節。

當然，這種歸納頗為籠統，其實有許多男性會依據地標來規畫路線，而將地貌當作地圖般判讀的女性也不在少數，但這或許有助於解釋測驗結果的部分性別差異。多數的導航精準度測試對於擅長利用空間幾何結構來辨別方向或走捷徑的人比較有利，換言之，男性占了比較大的優勢。相較之下，在測試情境裡包含大量地標的實驗中，女性的表現不是跟男性旗鼓相當，就是凌駕其上。這意味著，在充滿醒目特徵的地方（如市中心）或遼闊無際的地帶（如森林），兩性在導航方面的差異會消失無蹤。就玻利維亞北部的屈瑪內族與剛果的姆班吉拉巴亞卡人而言，男性與女性之所以都能在長途遊獵的過程中保持方向感，一個可能的原因是，當地的低地環境涵蓋了無數的地標（樹木）與少數獨特的邊界（屈指可數的山丘），有利人們穿梭自如。

## 性別刻板印象

在許多類型的地形中，利用地標找路（「到了郵局後左轉」）跟空間導航法（「往西南方走半公里」）一樣有效。兩種策略都能幫助你建構認知地圖並在熟悉周遭環境後抄近路來節省時間，不過藉由空間導航法可以更快實現這個目標。儘管如此，一般認為主要採取空間導航法的男性比女性更會找路的觀念，讓許多女性相信自己天生就不擅長空間任務與導航。她們有可能因為這種看法——所謂的「刻板印象威脅」——而卻步嗎？

瑪莉・赫加蒂是這麼認為的。她發現，女性在測驗中的得分有進步，而且她們在換位思考的測試中，面對經過改編以測度同理心（向來是女性的強項）的空間任務時，表現跟男性一樣好。「一般的空間能力測驗可能低估了女性的能耐。」她警告。如果這個偏見對測驗分數有影響，那麼它或許也是仰賴空間思考能力的STEM相關職業中，女性占少數的部分原因。若你在年輕時「發現」自己不擅長某個方面，則這種想法會強烈驅使你避開這件事。家長與老師也讓這個問題雪上加霜，他們大多認為女孩天生在空間與科技方面不如男孩，往往不讓她們接觸能夠助長相關技能的玩具與活動（如卡車、樂高積木、電玩、地圖判讀等）。如此的結果是，雖然女孩們起初在科學與數學上的表現與男孩們不相上下（也具有相似的導航能力），但是到了中學，許多女孩開始落後異性或失去興趣，而進入大學時，攻讀STEM科目更已不在她們的計畫之中。

然而，不是每個國家都如此。在挪威、瑞典與冰島等性別高度平等的國家，數學（與空間感息息相關）成就上的性別差異並不存在（雖然從事STEM相關職業的男性人數仍多於女性）。性別平等與女性在這方面的學業成就似乎具有直接的關聯。女性接受教育與接觸STEM類別工作的管道，以及參與經濟與政治領域的機會越多，在求學時期的數學成績就越不容易一落千丈，畢業後投身科學、醫學或工程領域的可能性也越大。行為楷模也能帶來助益。「如果女孩們從小生長的社會環境裡有女性從事科學研究，她們就會明確知道STEM領域在自己的能力範圍內。」一群美國心理學家在二〇一〇年發表的一篇論文中解釋，「相反地，倘若母親、阿姨、姑媽與姐妹之中都無人從事STEM相關工作，她們便會認為這個領域是男性的天下，進而對數學產生焦慮，缺乏學習的信心，並且無法在測驗中取得良好成績。」

性別平等與行為之間的關係，似乎可套用於所有的空間技能。在雨果・史畢爾的《航海英雄》研究中，兩性在導航表現上的差距，以芬蘭與瑞典等男女享有平等資源與機會的國家最小，以沙烏地阿拉伯、黎巴嫩與伊朗等女權嚴重受限的國家最明顯。證據顯示，女性在能夠全權掌握自身命運的環境下擁有最佳的表現。據二〇一一年在印度東北部的母系部落卡西族（Khasi）進行研究的學者指出，在這個土地與財富均由女性繼承的社會中，女性解決空間問題的能力跟男性一樣優秀；相比之下，鄰近的卡爾比（Karbi，一個傳統的父系社會）裡，男性在空間（及經濟）方面似乎比女性優越。相同的現象也見於在加拿大極圈自力更生的因紐特族。這意味著，兩性在空間思考能力上的差異，受文化的影響更甚於生物構造——換言之，其中的差異在於社會性別，而不是生理性別。

## 找路經驗的性別差異

文化會影響許多層面的人類行為。成長環境對兒童的空間與導航技能造成的影響，跟社會經濟規範對青少年與成人造成的影響一樣顯著。兒童認識世界的一個方式是探索周遭環境。如先前所述，兒童典型的「活動範圍」在過去半世紀以來大幅縮減。然而，女孩在此之前就已屈居弱勢，因為她們擁有的自由一向不及男孩。這有各種原因，但主要是一般認為女孩比較容易受到傷害，因此家長們往往不准她們離家太遠，需要外出時也會陪同在旁。可以想見，經父母允許可在外遊玩的兒童，遠比那些只能待在家的同儕熟悉鄰里社區，這正是為什麼十一歲大的男童普遍能夠比同齡的異性更鉅細靡遺地畫出住家附近地區的地圖，也說明了為何**得以**在外四處漫遊的十一歲女孩所描繪的地圖跟同齡男孩一樣詳細。因紐特族女性的空間能力與男性平分秋色的一個原因是，她們從小在北極凍原長大，這個遊樂場說多大就有多大。在極圈各地生活的女孩們都跟男孩一樣，渴望到外面的世界覓食、探索與拓展眼界，而在八歲之前，她們走過的地方就跟男孩們一樣多。從這之後，文化與教養的影響開始發酵，而正是這些因素（而不是男女的生理差別）最終抑制了女性的空間能力發展。

女孩比男孩更少有機會直接感受不同地方——就如教育學家瓊安・庫爾西奧（Joan L. Curcio）說的，在泥土堆裡打滾、玩得雙手髒兮兮、跑來跑去然後摔得狗吃屎、爬到樹上想摘天空中的星星——的事實，影響了她們長大後的導航能力。如果不實際行動，很難在任何事情上有所進步。這或許解釋了，為何大多數的女性在找路時都傾向依循一連串的地標前行，這項策略讓人難以探索環境與抄捷徑，但也不大可能迷路，只要你記得方向的話。其中一個著名的例外是法羅群島，一座位於北大西洋中央的不毛群島，在當地，採取空間導航法的女性人數異常的多，原因顯然是無礙的視野讓每個人更容易判斷距離與根據基本方位找路。

到目前為止，童年時期活動範圍局限最大的隱憂在於，這會影響個人摸索陌生街道或開放空間的自信。有無數研究發現，在陌生的地方找路時，女性往往比男性焦慮，尤其是獨自一人的情況下。她們比男性更擔心迷路、不會走捷徑與看不懂地圖。她們有充分理由擔憂人身安全：雖然在多數地方男性遭到肢體攻擊的風險比較高，但女性遇害的後果有可能不堪設想。她們更容易遭到騷擾，也比較沒有信心進行有效的自衛。這也許是在犯罪率相對高的美國，女性對於找路這件事倍感焦慮的原因。

空間焦慮與安全恐懼雙重打擊下所造成的一個後果是，女性步行前往某處的頻率低於男性，儘管兩者的差距因國家而大有不同。雖然步行頻率的性別差異可能是文化因素所致，但值得注意的是，在瑞典完全看不到這樣的歧異，因為該國女性與男性的空間能力在伯仲之間，至於紐約等容易找路的城市，兩性步行移動的比例差別也不大。由於不常走路的人罹患肥胖症與其他疾病的風險較高，因此我們不應該忽視許多女性都有的空間焦慮感。這是個惡性循環：焦慮感會妨礙決策，增加迷路的可能性，進而讓人更焦慮。只要有過幾次不好的經驗，你很容易就會萌生「還是待在家好了」的念頭。

## 定向運動對性別刻板印象的顛覆

女性天生導航能力比男性差的傳統觀念，在競爭激烈的定向運動中碰了一鼻子灰，因為該領域吸引的男女愛好者比例不相上下。定向運動的目標是盡可能在最快時間內找到一系列的檢查點，這些地點都設置於偏遠的森林或荒野，參賽者必須在過程中不斷調整路線，依照特定順序造訪。選手會在賽前拿到一份標有控制點的地圖，在賽程中必須隨身攜帶地圖及一個小型羅盤。由於各個參賽者的起點都不同，因此每個人基本上得自行找路。難度最高的路線長度為十公里以上，體能要求高，而且多在林地或不規則的地勢中進行，因此定向運動是極具挑戰性的導航活動。

若想成為定向運動的高手，你必須具備的技能有：判讀地圖、解讀等高線、判斷距離與規畫路線，以及迅速完成這些任務的能力。快速做決定的能力也有幫助，這樣你在遇到沼澤地或無法穿越的灌木林時，便可以重新規畫路線。除此之外，你必須能夠長時間專注——不論是判讀地圖、記錄移動的距離，或是留意地形。男性在這項運動上具有優勢，但純粹是因為相對強壯的體格讓他們可以跑得比較快。假如排除這個因素，男性與女性在定向運動中的表現不分軒輊，都一樣擅長導航、規畫路徑與保持專注。

你可能會認為，這是因為定向運動吸引的女性都具有特殊的空間才能，就跟短跑吸引臀肌發達的運動員與長跑吸引耐力高的選手，是一樣的道理。然而，大多數的定向運動員會踏入這個領域，都是因為在家庭中耳濡目染。有些人在四歲就完成第一次的短程路線，到了七、八歲開始跟著父母完成健跑路線，之後在十歲挑戰人生中第一次的比賽路線。女孩也會接受同樣的訓練，最後也不出所料地跟男孩一樣成為定向運動的能手。

二〇一六年六月，我在薩里舉行的英國中距離定向越野大賽裡，認識了二十二歲的運動好手露西．巴特（Lucy Butt）。在那不久前，她剛贏得同齡組別的冠軍，如今稱霸全英國，是她人生第一次在高級組中的重大成就。當時她喘得有點上氣不接上氣，無法接受長篇採訪，因此我們決定再約一次。下次見面是在距離她家不遠的法恩堡的一間酒吧，而她給了我笨蛋都能懂的路線指示。當她精神奕奕地踏進門（她充滿活力，似乎時刻都忙個不停），我正站在門邊看著一幅歷史悠久的本地地圖，而她立刻指出我們所在的位置與舊街道及火車站的相對方位。「我喜歡看地圖。」她笑說，「我是個不折不扣的控制狂，必須隨時確保自己知道要去哪裡。我喜歡研究不同地點之間的關係——即使人在室內，我也會想知道自己朝著哪個方向。」

露西從學會走路後就開始接觸定向運動，因為這是她們家在週末的休閒活動（她的媽媽與姐姐都曾參加全國比賽）。她的運動強項一直都是導航。「我如果跟一群運動好手一起參加路跑，會是倒數第一。如果把我丟到森林然後給我一張地圖，我可以暢行無阻。」露西在威爾特郡的新森林長大，當地地形平坦，林木茂密，沒有你在遼闊荒野中會看到的那種地標。從小生長的環境中缺乏有利辨別方位的特徵，因此她學會注意微小細節，越來越擅長幾乎人人都覺得困難的一件事：在迷霧中找路。「我無法解釋我是怎麼找路的。我無法單獨發揮自己的其中一項技能，因為在我腦中，所有的技能融為一體、共同運作。」她無疑是一位自然導航者，但未必渾然天成。

## 導航能力發展的可能性

每個人都能改善自己的導航能力嗎？擅長認路者的大腦很可能特別適合處理這項任務，例如他們腦中的海馬迴也許面積寬大或非常活躍，或是內嗅皮質裡的網格細胞能夠持續展現強烈的放電模式。然而有許多證據指出，只要我們堅持下去（可以是偶爾關掉手機的衛星導航功能），就能增進導航能力，此外還可改變大腦。導航是一種複雜的認知過程，需要一些官能共同運作，包含記憶力、專注力與自信。因此，趁早鍛鍊尋路能力，有益無害。找路高手通常都是從小坐在汽車前座看地圖幫父母指路，與住在同一條街上的其他孩子一起在附近玩耍，在農場長大或是參加童軍團而養成的。

二〇一二年，英國第四頻道播出名為《隱藏的才能》（*Hidden Talent*）的電視節目，其宗旨是在隨機挑選的五百人之中找出一位傑出的導航者。最後，來自德文郡的二十六歲科學教師艾黛兒・史托里（Adele Story）擊敗眾人成為贏家。節目中候選者挑戰的空間任務包括記憶倫敦蘇活區錯綜複雜的街道，而設計題目的正是神經科學家雨果・史畢爾，他表示，艾黛兒是他看過導航表現最出色的一位。五年後，我找到了艾黛兒

（這時她已定居杜拜），希望能瞭解她當初在節目中如何完成任務，以及她的成長經歷。

假如你想將導航界一名潛力新星的生平改編成劇本，艾黛兒的故事會是不二選擇。她的父親是交通警察，對英國各地的道路瞭若指掌，而她經常充當他的副駕駛。在學校，她以豐富的戶外活動與探險經驗獲得愛丁堡公爵獎。她十三歲時曾參加英國皇家空軍學校的訓練營，原本可以成為一名機師或導航員，可惜臂展不夠長（某些飛機駕駛艙的座位距離儀表板出奇地遠）。她是摩托車大賽的常客，也熱中沿繩垂降、攀岩、跳傘與划皮艇，這些全是她從小就接觸的運動。我透過她所屬的其中一間足球俱樂部聯絡上她。「我很幸運，從小父母就鼓勵我去嘗試傳統認為只有男孩才擅長的活動。」她說，「我想我跟一般的女孩不一樣。」

艾黛兒接受史畢爾設計的測試時，並不認為自己是認路高手，在測驗過程中也覺得這跟她認知的導航截然不同。她說：「我只是專心找出其中的模式、解開謎題，還有自己建立一套認識蘇活區的方法而已。」然而，她始終充滿自信。「我做任何事情都會放手一搏。我試圖鞭策自己。我深信，如果你能投入時間、基於正當的動機去做，沒什麼事難得倒你。」

有時候，信念就是一切。進行本書研究的期間，我發電子郵件給一群朋友，詢問有沒有人迷路過。其中一位回信寫道：「每次遛狗或到沒去過的國家旅遊時，我都會故意迷路。不然要怎麼挖掘祕境？」她成功靠遛狗這件小事實現難如登天的目標，這種精神值得我們效仿。

本章希望教給大家的一課是，儘管個性、成長背景與經歷對導航能力影響甚鉅，但每個人都能有所進步。不論做任何事情，希望獲得進步的最佳方式之一就是向專家請益。下一章將介紹一些出身不同文化的導航好手及他們在陸、海、空的英雄事蹟。是什麼讓他們如此出類拔萃？他們的故事可以帶給我們在培養找路能力上的哪些啟發？在多數案例中，成功的祕訣並非神祕莫測的第六感，而是純熟掌握每個人在某種程度上都具備的技能與特質。

# 第七章
# 自然導航者

---

●環遊世界的航空挑戰
●翱翔天際的導航能手
●汪洋中的航海士
●玻里尼西亞的海上導航系統
●原民部落的找路本能
●敏銳的方向感
●找路的核心——專注力

## 環遊世界的航空挑戰

在兩次世界大戰期間首見的許多航空壯舉之中，最古怪的一項是哈洛德．布羅姆利（Harold Bromley）於一九三〇年九月嘗試飛越太平洋的挑戰。他已經三度嘗試獨自從日本飛行七千七百多公里到美國，但沒有一次成功，因此為了轉運，他邀請聲望崇高的澳洲導航員哈洛德．蓋提（Harold Gatty）同行。

他們的旅程並不順利。還不到航程的四分之一，飛機的燃油泵便發生故障，排氣管破裂，預期的順風也未出現，以致他們只能在低垂的濃霧中盲目飛行。由於燃油不足，因此他們飛回日本。此時，從排氣管漏出的一氧化碳滲進了駕駛艙，布羅姆利開始失控大笑。他握著操縱桿的雙手飄忽不定，不知怎地，有一刻他突然讓飛機往下俯衝，直到蓋提拿螺絲板手敲他的頭，他才回過神來。在這之後的航程中，他們兩人都意識恍惚。儘管精神不濟，而且能見度極低，蓋提仍努力讓飛機保持在航道上，過了二十五個小時，他們跨越了日本的海岸線，也就是先前起飛離境的地點。

蓋提很快便以純熟高超的導航本領遠近馳名。隔年，他陪同威利．波斯特（Wiley

Post）駕駛「維妮美號」（*Winnie Mae*）完成環繞世界一圈的創舉。這趟旅程花了八天半的時間，比之前保持最快紀錄的德國籍飛船少了十三天，而這次蓋提同樣有大半航程都頂著迷霧辨別方向。他靠的是航位推測法（dead reckoning）①，根據飛機的時速與風向估算所在位置。有鑑於這個方法會迅速累積誤差，因此他會趁天氣晴朗時使用六分儀測量太陽或特定恆星的仰角，交叉比對其與航線圖所成的角度來計算飛機所處的經緯度，進而達到更準確的估測。「我們一次又一次地穿過伸手不見五指的濃霧，」他在書中描述這段驚險萬分的飛越大西洋之旅時寫道，「大霧毫不留情地吞噬我們。四周一架飛機都沒有，我們只能獨自摸索方向。」

蓋提採用的基本導航原則已有數世紀的歷史，但他是第一個對它們進行修改以套用於飛航的人。著名的海軍領航員菲利浦・維姆斯（Philip Weems）形容這位昔日的夥伴是「指南針與地圖的專家，他在航空界的實戰經驗比今日世界上任何一個人都還要多」。波斯特則在著作中如此描述與他合作的心得：「哈洛德才是駕駛『維妮美號』的

---

① 航位推測法與「路徑整合」有關，透過這種運算，動物可以藉由追蹤自己行進的方向與距離來推算所在位置（關於路徑整合的細節，請見第五章）。

人，我只是遵照他的指示而已。」他的代表性稱號出自於一名徒弟——大名鼎鼎的查爾斯．林德伯格（Charles Lindbergh），他在一九二七年成為第一位獨自飛越大西洋的飛行員。林德伯格稱蓋提為「領航界王子」。

是什麼讓一個人如此擅長導航？從蓋提的經歷中，我們看不出明確的途徑。蓋提在十三到十六歲就讀荷巴特②澳洲皇家海軍學院，數學不好，導航測驗也不及格。快二十歲時，他到輪船公司當學徒期間迷上了夜空，隨船橫渡南方海域時，他經常躺在甲板吊床上觀測星象。他獨自摸索星辰的位置與軌跡，自創了一套天文導航法。

大約在這段時期，他體會到徹底迷失方向是什麼感覺。跟著太平洋一艘油輪在加州聖路易歐比斯波靠岸後，他與同船的幾名水手開車前往當地一場嘉年華盛會，結束後，同伴們不小心丟下了他。被迫在黑夜中徒步三十幾公里回去港口的他嘗試抄捷徑，但最後走到了一座深谷，完全不知道自己身在何處。「我漫無目的地四處遊走，」他之後寫道，「我過去八年來努力鑽研與經營的事業岌岌可危。」最後，在油輪啟程前往澳洲的數分鐘前，他及時回到了船上。那次的經驗令他驚恐不安，於是他傾畢生心力投入導航，確保自己再也不迷路。

蓋提非凡的導航才能似乎是從經驗與迫不得已的處境中磨練而成，而傑出的領航員通常都是如此。他具備所有優秀領航員都有的一項特質：善於注意細節。享年五十四歲的他，在一九五七年去世前寫了一本書，詳細描述如何利用自然跡象導航，例如太陽、月亮、星星、風、河流、雲、雪、沙丘、樹木的形狀、海水的顏色、海鳥的習性，甚至是蟻塚的方位。這些年來，這本書的名稱改了好幾次：《大自然就是你的嚮導》（*Nature is Your Guide*）、《在陸地或海洋上導航》（*Finding Your Way on Land or Sea*）及《不靠地圖或指南針也能導航》（*Finding Your Way Without Map or Compass*）。他在二次大戰期間為美國空軍撰寫的生存指南首度提出了一些建議，而後來這些實用的指引成了所有美國陸軍航空軍救生筏的標準守則。蓋提相信，一個人即使沒有優異的方向感，也能成為自然導航者——你只需要利用與生俱來的感官仔細觀察周遭環境。以下是他描述自己在飛行時觀察美國鄉村地區所得到的發現——他練就出遊刃有餘的一項專業，到最後不必看地圖也能知道自己身在何處。

> 我可以根據許多東西判斷地面上的風向，像是房屋煙囪冒出的煙、樹木彎折的

---

② 塔斯馬尼亞的首府，為澳洲第二古老的城市。

形狀與樹葉背面的銀白色鱗片。我發現，在星期一觀察家家戶戶的曬衣繩來判別風向，要比其他天容易得多，因為大家都習慣在那天洗衣服。從一些奇特的小地方可看出某些區域有自己的特性，而那些特徵幾乎可算是它們的標誌了。舉例來說，在俄亥俄州的農業地帶，幾乎每一座小型穀倉與建築物都裝有構造精細的避雷針。

## 翱翔天際的導航能手

在「維妮美號」成功環繞地球一圈的三個月前，英國飛行員法蘭西斯・奇切斯特（Francis Chichester）完成了第一次獨自駕駛木造機身的「吉普賽蛾號」（*Gipsy Moth*）從紐西蘭飛越塔斯曼海到澳洲的旅程，這項成就很快在導航界中傳為佳話。由於那架飛機的燃油容量不足以直飛一千九百多公里，因此他選擇短暫停留諾福克島與豪勳爵島——兩個中繼點與兩邊海岸的距離大致相等。這兩座島嶼面積狹小，只要指南針有一絲誤差，就會導致奇切斯特完全錯過它們。他利用一個普通的六分儀來修正位置，趁每次太陽露臉時進行量測。這麼做非常危險，因為他需要雙手穩穩握著儀器對準目標，只能靠雙腳、膝蓋或手肘頂住飛機的操縱桿。他不像蓋提那樣有特殊工具可測量風速，於是自創一套航位推測法，根據三個不同的指南針航向來估計飛機飄移的距離並計算平均值，而這項步驟繁雜的任務每半小時就得重複一次。

奇切斯特確保自己不會飛過頭的一個奇想是，持續「瞄準」左方或右方數十公里直到飛機與島嶼大致形成預先設定的角度時，再回正沿直線航行，直至抵達目的地。他稱這是「蓄意失誤理論」。蓋提為「維妮美號」導航時採用了類似的方法，而世界各地也有許多水手在還不知道如何計算經度之前，利用這種方法來推算所在位置。這是一個妙招，但有可能會引發認知失調，如奇切斯特費力讓飛機朝向預期中諾福克島所在的右方時所發現的：

> 飛機一進入這條航線，與從紐西蘭出發時所飛的航道幾乎呈現直角時，我有一種絕望的感覺。在毫無地標特徵的海面上朝某個方向飛行數小時後，我本能地抗拒中途改變方向。我的導航系統似乎是一個脆弱的腦中幻想：我朝著同一個方向飛了這麼久，那座島嶼肯定就在前方，而不是右邊。我心中突然湧起一陣恐慌感。一部分的我拚命勸自己：「看在老天的份上，千萬不要發了瘋地右轉！」我繃緊全身上下的肌肉，努力讓飛機回到原本的航道。「穩住，穩住，要穩住。」我大聲對自己

說。我必須相信自己腦中的那套系統，因為當下也別無他法了。

任何一個曾在濃霧中靠指南針依照地圖所示的方向跨越陌生沼地的人，都能體會那種驚慌、深信走錯路的感覺。當你盲目地朝未知方向前行，會需要龐大的意志力才能信任手邊的儀器，但你不得不這麼做。

對菜鳥飛行員而言，第一次在迷霧中飛行是最令人心慌的經驗。你的內耳與雙眼會停止相互運作，甚至搞不清楚自己往哪個方向前進，這時唯一的選擇是忽視自己的感覺，「讓儀器帶你飛行」，利用測高儀、人造地平線與其他指標來辨別方位。奇切斯特知道何時該忽略自己的直覺。從紐西蘭飛行八百多公里後，他透過雲縫看見諾福克島——島嶼的面積不到三十六平方公里，距離以西約八百零五公里的豪勳爵島只有它的一半大——他也看見了那座島。倘若錯過這兩座島嶼的任何一座，就代表他將葬身南太平洋的某處。

自信對於導航是一大優勢，而奇切斯特從不吝於肯定自己。他還在學開飛機、尚未替「吉普賽蛾號」弄到指南針之前，都利用全國鐵路網的路線導航，這項系統名為「跟著布萊德蕭飛行」（在全英火車時刻表《布萊德蕭指南》（*Bradshaw's Guide*）發行後）。

他在自傳《寂寞的海洋與天空》（*The Lonely Sea and the Sky*）中敘述自己在烏雲密布的天氣下如何飛到高空練習跟著太陽航行，堅定表示：「假如遇到麻煩，我可以讓飛機旋轉，而它勢必會繞著垂直的軸線打轉，這樣一來，我應該就能垂直飛出雲層。」別忘了，當時他還是名新手；他在黑暗中調降飛行高度，而為了修正位置，他低空掠過一座火車站並查看月台名稱。「我碰巧飛在正確的航道上。那可能是我第一次喊出領航員都會說的一句話：『發現目的地！』」

奇切斯特發現自己抵達目的地的喜悅，體現了航空導航黃金年代的蓬勃朝氣，當時他、蓋提還有艾美・強森（Amy Johnson）、艾蜜莉亞・伊爾哈特（Amelia Earhart）及安東尼・聖修伯里（Antoine de Saint-Exupéry）等長途飛行的先驅，都竭力挑戰可能的極限。偌大的世界似乎就等著人們去盡情探索。

奇切斯特與蓋提具有許多共通點。他們兩人都成就了導航界的創舉，也都熱中將獨家本領傳授他人，例如蓋提創立了導航學校，之後協助指導美國空軍；奇切斯特則指導英國皇家空軍，教導戰鬥機飛行員在空襲前牢記地圖上的地標，如此在飛行時就能專心鎖定地面上的目標。他們都設定了遠大的目標，並致力打破紀錄：奇切斯特從未效仿蓋提完成環繞地球飛行的壯舉，但他在海上取得了同樣出色的成就，成為獨自由西往東繞過南方海域廣闊海角的第一人，而且還是在六十五歲的高齡達成。他們彼此也是好友。蓋提辭世時，奇切斯特在英國航海學會的期刊中為他寫了一篇悼文，回憶兩人結識的二十年裡，他從蓋提身上學到「機智聰敏且健全可靠的導航建議。……［他是］偉大的自然領航員，更是一個品格高尚的好人」。

飛行員往往也擅長導航，因為他們長時間從駕駛艙往窗外俯瞰，試圖辨認底下的地貌。現代的衛星導航系統可以引導飛機到達目的地，省去許多耗費腦力的導航工作，但機師仍必須有能力辨認地標與理解其中的空間關聯——即建構認知地圖。加拿大心理學家進行的一項研究發現，機師比多數人更擅長建構陌生環境的認知地圖、找路及推估不同地標之間的方位。研究測試的機師們都來自民航領域，也未特別依據空間能力篩選，因此他們良好的導航能力可能是在訓練或經驗下，長時間從空中觀察地貌發展而來。

並不是每個人都有潛力成為第二個蓋提、奇切斯特或吉姆．洛弗爾（Jim Lovell）——美國海軍飛行員與太空總署太空人，他在「阿波羅八號」（Apollo 8）繞月球軌道飛行的任務中，利用六分儀校驗近三十九萬公里的太空船軌道，測量特定恆星與地球彼端所成的角度。大多數的導航能手不只擅長辨別方向，還藝高膽大、懂得臨機應變，而且自信十足。這多少拉高了導航領域的門檻，但也意味著，導航的天賦並非單純取決於基因，相關的技巧與知識也不是深不可及的藝術。只要有充分的訓練與強烈的欲望，沒有任何事能阻擋任何人成為稱職的尋路人。

## 汪洋中的航海士

早期長途旅行的飛行員面臨的導航難題，與數千年來水手們所經歷的困難相似。一旦陸地超出視野範圍，你在海上最明顯的障礙就是沒有任何一種地標可參考。早期水手可根據恆星大致判斷自己的位置，但如果這個方法不可行，就只能使用航位推測法。這一向是風險不小的賭注，尤其在只能靠風向與海流來測定行進距離的情況下。

一九一六年，恩內斯特．薛克頓（Ernest Shackleton）與五名同伴駕駛小船從位於南極洲的象島航行十六天後抵達南喬治亞的旅程，是現代最著名的導航成就之一。在此前一年，薛克頓與二十七名船員從英格蘭啟程，企圖締造首度徒步跨越南極洲的紀錄，但他們駕駛的「堅忍號」（Endurance）遭浮冰圍擠，最後船身解體，沉入大海。船員們搶救打撈起三艘救生艇，就這樣在冰上往北漂流了四個月，直到進入公海。之後，他們划船抵達位處南極半島外圍的象島，但沒有任何生路可尋。薛克頓認為最有可能獲救的手段是派一組人馬到東北方距離一千四百八十公里、位於南喬治亞的捕鯨站，引領救難隊前來。他選了五名最能幹的船員，其中包括熟練引導全員渡過波濤洶湧的汪洋航抵象島的領航員法蘭克．沃斯利（Frank Worsley）。他們準備了最堅固的救生艇「詹姆斯．凱德號」（*James Caird*），裝滿一個月份的補給品後，往北航向充滿海冰與狂風巨浪的南大西洋。「我們明白那會是此生最艱困的任務，」沃斯利寫道，「因為當時南極區剛入冬，而我們將跨越世界上形勢最險惡的海洋。」

為了一窺那段旅程的面貌，我約了探險家兼環境保護人士提姆．賈維斯（Tim Jarvis）見面，他曾在二〇一六年與五名同伴帶著與當年薛克頓所用一模一樣的設備、補給品、衣物與導航工具搭乘一艘複刻船，重現「詹姆斯．凱德號」的驚險旅程。賈維斯跟其他現代的探險家一樣堅忍不拔。二〇〇六年，他重現了道格拉斯．莫森（Douglas Mawson）於一九一二年的南極長征之旅，當年莫森失去了兩名同伴之後，挨餓受凍地在裂隙遍布的南極冰川上跋涉了近五百公里後順利獲救。賈維斯使用了那個年代的裝備與器具、備妥一如莫森當時僅有的微薄口糧，挑戰在如此艱困的條件下生存。他性格剛毅，意志力堅若磐石，極度佩服與認同那些長期奮力抵抗逆境的人士；不難想像堅苦卓絕的他拖著沉重雪橇跨越崎嶇不平的冰川，或是帶領船隻對抗近十尺高的滔天巨浪。

賈維斯透露，那十六天裡遇到的最大難題，除了讓人無法想像的不適之外，還有追蹤船隻的所在位置。他們仿效沃斯利帶了一個大型指南針、航海鐘（或經線儀）與六分儀量測太陽的高度並繪製天體圖，以將時間與角度換算為經度、緯度，理論上這些裝備應該足以供他們測度船隻與南喬治亞之間的距離。然而，他們也跟沃斯利一樣苦盼不到天氣放晴，因此只能根據航速與海流方向估算自身所在位置。等到太陽終於露臉，又因為海象惡劣而無法固定六分儀以長時間觀測與記錄數據。「我們全員出動：一個人拿六分儀觀測，另外兩人穩住他的雙腳，另外一人負責航海鐘，一人記下數據，另一人駕駛船隻。這個過程很耗費人力。」

沃斯利則如此描述：

導航是一門藝術，但言語不足以形容我為此付出的心力。航位推測法……逐漸成了一種玩笑般的猜測。一個星期也許有那麼一、兩次，暴風雨雲層的縫隙間會透出冬日裡閃現的陽光。如果我做好準備，而且夠機靈的話，便能捕捉到那一瞬間。標準程序是這樣的：我從船洞往外窺看，將寶貴的六分儀緊緊抱在胸前，以免被海浪捲走。恩內斯特爵士手拿航海鐘、鉛筆與筆記本站在風帆旁邊，我大喊：「準備就位！」跪在橫座板上，在此同時有兩個人分別抓緊我的雙腳。我拿著儀器水平對準太陽，在驚濤駭浪的起伏中迅速測量並推測太陽的高度，結束之後大喊：「停！」恩內斯特爵士負責記錄時間，而我負責算出結果。

沃斯利設法利用六分儀測得四個數據，賈維斯則測得了兩個。雙方都是首度嘗試就成功抵達南喬治亞，也都對此大感訝異。沃斯利表示：「我的導航技術拙劣得很，幾乎找不到合適的著陸點。」賈維斯則說，他一直到抵達目的地才確定自己在哪裡。「你心中會不斷冒出疑問。你在漫無邊際的汪洋中航行，卻從來都不相信自己正往某個地方前進。」

## 玻里尼西亞的海上導航系統

在西元前三千年至西元一千年的期間，也就是六分儀與航海鐘問世的數個世紀前，玻里尼西亞的水手在中南太平洋上幾乎每一座適宜人居的島嶼落地生根，而這個地區面積約有一千八百一十三萬平方公里。這項驚人的成就全仰賴精準的「自然」導航系統：

對當地環境的仔細觀察與深厚的知識。哈洛德．蓋提認為，玻里尼西亞水手完成的許多偉大探索旅程，都跟隨候鳥的足跡，例如每年九月從阿拉斯加經由大溪地遷徙到夏威夷並在隔年四月飛回來的太平洋金斑鴴與鬃腿麻鷸。蓋提估計，早在歐洲航海家展開大西洋的探險之前，玻里尼西亞水手定期航行的距離便已超過兩千五百哩，例如在大溪地與夏威夷、或大溪地與紐西蘭之間往返。他讚揚玻里尼西亞人是「史上最偉大的尋路人，……不論他們基於什麼原因而展開不凡的壯遊，都是世界上第一批名副其實的航海家」。

玻里尼西亞的尋路系統最令人驚豔的一點是，它幾乎完全仰賴航位推測法。技術高超的現代導航員即使密切注意船艦的移動，也很難在缺乏地標或無法計算經緯度的情況下，長時間保持在航道上。玻里尼西亞的水手卻能做到這一點，方法是根據自然現象來測度船隻的行進距離，如海浪的波形、風向、雲的形狀和顏色、深海水流的拉力、海鳥的活動行為、植被的氣味與太陽、月亮及星星的移動軌跡。其策略是先到達目標附近的區域，再依據當地線索鎖定確切位置。星象羅盤——指明地平線上三十二顆主要恆星所在位置的環狀地圖——是不可或缺的工具。在靠近赤道的區域，眾多恆星沿著幾近垂直的軌跡移動，全年都在同一個地方橫越地平線：如果你看見一顆叫得出名字的恆星上升或下移，便可根據星象羅盤準確判斷自己面朝哪個方向。

若不是玻里尼西亞航海協會致力維護，這項古老的尋路藝術肯定早為世人所遺忘。這群來自夏威夷的航海愛好人士於一九七三年建造了一艘複刻版的雙殼傳統附帆獨木舟，並延攬毛・皮艾魯格（Mau Piailug，世上僅存的玻里尼西亞導航家之一）傳授航海技巧。三年後，他們乘著這艘名為「歡樂之星號」（Hokulea）的獨木舟揚帆航向大溪地，這是八百年來首次有人遵循古法航行。

「歡樂之星號」目前仍在役，並成為了玻里尼西亞航海文化的宣揚大使，提醒人們莫忘了領航人在太平洋殖民史上扮演的關鍵角色。二〇一六年底，我在紐澤西哈德遜河曾搭過這艘船，當時它為期三年的環遊世界之旅已近尾聲。停泊在小船塢等待颶風尾流過境的「歡樂之星號」，與其他停靠在旁的大型本地遊艇相比之下顯得十分渺小，但沒有任何一艘的經歷可比擬它在遼闊大海中的成就：不靠任何衛星導航系統、指南針、航海圖、深度儀甚至手錶的輔助，完成長達二十二萬多公里的航行。

「歡樂之星號」出航時，領航員會坐在船尾，專心辨識星象羅盤的記號，用雙腳感受浪濤的起伏。船員們都稱領航員為「父親」，但從事這個職位的女性不在少數。這是一個背負重大責任的身分。在夏威夷語中，導航大師是「pwo」，代表「光明」，意指他應該為人們照亮光明、指引方向並維護大家的安全。他也負責管理從先人傳承下來的知識。獨木舟的船身會寫滿前任領航員的名字，以防現任領航員忘記；船尾則刻有讀音為「Kapu na Keiki」的標記，提醒未來的領航員「保護後代子孫」。我登上「歡樂之星號」參訪時，一名二十五歲、名為可凱馬魯・李（Kekaimalu Lee）的見習領航員正在值勤，他身穿一件深藍綠色的航海T恤與夏威夷風的短褲，頭上反戴一頂棒球帽。她告訴我，他的實習工作比較像是終生訓練，而不是技巧練習。他正在學習承擔的責任不只是做好獨木舟的導航工作，也在於延續自己所屬的文化。「一開始，我以為我知道自己是誰。結果，我一直到學會導航技巧、追隨前輩們的腳步啟航出海，才悟出答案。」

他指的前輩們，不僅僅是領航員，他們還是過去那些年代的明燈。在太平洋島民的社會中，領航員一向地位崇高，而這有部分是因為導航工作難度極高。星象羅盤能夠為你指引方向，但不會告訴你身在何處。若採用航位推測法，唯一可以知道自己人在哪裡的方法是記住出發的方向。領航員必須在心中記憶獨木舟從離岸那刻起的航行路徑：今天朝哪個方向航行了多遠的距離？浪湧對行進的路線有何影響？若想回答這些問題，便需要持續不斷的觀察，而這正是領航員每次小睡休息都不得超過半小時的原因。如果一切順利，即使無法給出確切的位置，他們仍能在旅程中隨時指明目的地或出發點的方向。萬一他們記不起正確的方向，就要等著大難臨頭。「歡樂之星號」的領航長奈因諾亞・湯普森（Nainoa Thompson）想起啟蒙導師毛・皮艾魯格曾說：「無論如何你就是不能忘記。這種事絕對不能發生。忘記就代表迷路，而如果你搞不清楚方向，那就是真的迷路了。」

## 原民部落的找路本能

在許多原民文化中，對於路線、標記、地形、地點與地名的記憶，是生存之必需。美洲原住民在活動範圍遭到歐洲殖民者的限制之前，出了名地擅長記憶地標。美國陸軍上校理查・道奇在十九世紀後半葉觀察記錄美洲原住民的社交生活與習俗，發現「每一座山丘與河谷、每一塊石頭與每一處灌木叢，在當地人眼中都有其顯著特徵，看過一次就永遠記得」，之後便可傳授他人。因此他在紀錄中寫道：「印第安人不懂天文學、缺乏地理知識，也沒有羅盤可用，卻能成就非凡的旅程，而白人得具備這三種條件才能達致這般偉業。」

現代的因紐特人也擁有類似能力，可在心中盤點周遭環境的特徵。克勞迪奧・阿波塔自一九九八年起便持續在加拿大極圈區研究因紐特族的尋路文化，期間認識了當地的獵人，他們對數千公里長的路徑瞭若指掌，那是每年初雪降臨時，他們沿著世代以來從未改變的路線在雪地裡留下的足跡。那些路線經由口述傳承給後代，其中指涉無數地標，包含冰川特徵、海流、地名與——最重要的——盛行風創造的雪花漂移形態。每次風吹過後，都會在雪地留下獨特的圖形。吹西北西向的「Uangnaq」過境後的雪痕呈現堅硬的舌形。風速平穩的東北東風「Nigiq」則使雪花均勻地蓋滿大地。另外還有名為「Kanangnaq」的北北東風、「Akinnaq」的南南西風及介於季風期間的次要風。

因紐特人藉由風向找路的做法，就跟玻里尼西亞人利用星象導航一樣，都將這些特徵當作自然羅盤。如同航海的領航員，他們發展出人類學家所謂的「記憶地景」（memoryscape）——一種腦中地圖，可體現物質與文化層面的世界，而當中的環境特徵都具有文化與歷史意義。這就類似澳洲原民的歌之版圖（songline），鉅細靡遺地描述先人走過的路徑，這麼一來，後人如果熟知正確的歌謠，不管到哪兒都不會迷路，還找得到水源與可供暫居的地方。據阿波塔觀察，雖然因紐特人從六〇年代起就過著定居生活，但他們依然會出外漫遊狩獵，而且似乎絲毫不受都市設計的空間限制影響。「他們徒步行走、騎摩托雪橇或駕駛適合各種地形的車輛在街上來來去去、抄近路穿越住家後院，在定居的環境中開闢路徑。」空間習慣不易抹除，作為文化認同的基礎時更是如此。然而，這個形態正在改變：如今因紐特的年輕人都使用衛星導航系統來找路，因此老一輩擔心，假使沒有網路或系統故障，他們就會迷路，而且也會與族群的文化斷了線，因為他們不再與地景互動。

記憶廣大的地標網絡，需要觀察入微的能力。在許多原民文化中，尋路等於觀察。三〇年代初，英國探險家與登山家佛萊迪・史賓塞・查普曼（Freddie Spencer Chapman）在格陵蘭與一群因紐特人乘愛斯基摩小船打獵時，在一片濃霧中失去了方向，結果那些獵人們憑藉雪鵐的歌謠作為指引，沿著海岸線前行而順利脫困，令他嘖嘖稱奇。他們學會分辨男性吟唱的各種領域歌謠，因此「一聽到唱述這種在家鄉峽灣的陸岬上築巢的鳥兒的旋律，他們就知道是時候往海岸前進了」。在伊格盧利克島，也就是阿波塔進行大部分研究的地方，人們都稱優秀的導航員為「aangaitituq」，意指「細心」。「aangaitituq」描述的不只是一個人的尋路知識，也形容他們的整體生活態度。阿波塔表示：「出色的尋路人就等同於出色的養家者，因為狩獵與尋路都屬於廣泛生存任務的一部分。」

分布於西伯利亞西北部的馴鹿牧民涅涅茨人（Nenet），不會記憶頻繁遷徙的確切路線，而是仰賴關於「已知地點」的腦中地圖及這些地點彼此間的方位與距離來導航。為了確保自己在移動過程中不偏離固定的路線，他們會持續留意風向與風速——他們稱這種做法為「捕風」。如同所有的航位推測法，這項方法必須持續實行才管用：倘若牧人無所節制地四處遊蕩，便會迷路，尤其是天候不佳的情況下。如果風向改變，除非他們注意到方向的偏差，否則也會找不到路。社會人類學家基里爾・伊斯托明（Kirill V. Istomin）與西伯利亞的馴鹿牧民相處了數個月以研究他們感知環境的方式，發現這些遊牧民族透過一種特殊方法來面對這種不穩定性。一位年長的牧民向他解釋：

在凍原上遊走時，你會不斷想著：「我有走對方向嗎？」「還沒到我要去的地方吧？」每個人都會有這種恐懼，當你認為自己已經抵達某個地方，卻沒看到附近有任何標示，心中更會冒出強烈的恐懼感。這時，你不應該向恐懼感屈服，而是應該鼓起勇氣往前走！這麼做並不容易，特別是你獨自一人在黑暗中找路的時候。你可以轉個念頭，譬如對自己說：「我可能往左邊走太遠了，應該往右偏一點。」到最後，你甚至能百分百確定該如何修正方向，尤其是在還沒看見目的地但自以為已經到達的時候。儘管如此，你不應該改變路線。如果你沿著同一條路線一直走，終究會到達某處，即使那裡不是目的地，也會是你熟悉的地方。

相信自己的能力，不要跟著直覺走——我們有多常聽到這句忠告啊！那位牧民警告，只要改走其他條路一次，你就會迷路，因為你會一而再、再而三地改變路線。「如果你開始這麼做，就會停不下來，相信我，大家都是這樣。之後，你會開始原地打轉，直到馴鹿也走不動為止，而你就算步行也是一樣。每一個在凍原迷路而喪生的人都是如此，因為他們不夠勇敢，敗給了內心的恐懼。」

## 敏銳的方向感

一般認為，偉大的導航員具有本能的方向感。近年來有一些學者甚至宣稱，人類跟鳥類、昆蟲與一些哺乳類一樣，感覺得到地球的磁場。令一些人失望的是，尚無證據顯示，自古以來的人類能夠感應方向或磁場，而事實上，我們並不需要這種能力，因為其他感官更能夠滿足尋路的需求，至少在我們專注感受的時候是如此。

哈洛德．蓋提指出，這正是擁有絕佳方向感的人所擅長的事情。他們只是比別人多了運用所有其他的感官進行縝密觀察的能力。如果他們分了神或者因為天氣狀況而無法查看、聆聽、嗅聞或感受，也有可能像平凡人一樣迷失方向。靠狩獵採集為生的南非桑人（San）以尋路技能聞名，但就連他們也容易在濃霧中迷途。「歡樂之星號」在赤道無風帶遇上大霧且動彈不得時，船上的玻里尼西亞領航員只能靜待下一次的風起，以根據星象或湧浪確定船隻的所在位置。

空間意識是許多原住民思考與說話方式的基礎。朋布羅族（Pormpuraaw，澳洲東北部約克角半島的一支部落）說的「Kuuk Thaayorre」語，根據基本方位來指明位置，而不是相對的前後左右。二〇〇六年在當地進行研究的認知科學家兼語言學家萊拉・布洛迪斯基（Lera Boroditsky）發現，人們會說「有隻螞蟻在你西南方的腿上」或「把你的杯子往北北西方移一點」。他們傳統上打招呼不會說單調無趣的「你好」，而是：「你要去哪個方向？」然後對方會回答明確的方向（例如「南方！」）。因此在朋布羅族裡，即便是五歲孩童，也能在任何時候說出自己面朝哪個方向。

他們是怎麼辦到的？布洛迪斯基表示，是「全然的覺知」（full awareness）。她估計世界上共七千種語言中，有三分之一具有相似的空間屬性，在運作上仰賴明確絕對的敘述而非相對概念的指涉，或者將空間相關的術語融入語言結構。舉例來說，英屬哥倫比亞沿岸的航海民族夸夸嘉夸人（Kwakwakawakw）所說的方言，包含了許多用於表達地點與方向的字尾，可輕易發明單詞來描述地理特徵。因此，只要用「xumdas」（以「as」結尾意指「地方」）這個字，就可表明「水獺上岸的地方」，而任何以「t!a」結尾的字都表示「出海」（如「neget!a」即為「直接出海」之意）。「Kwakwala」跟「Kuuk Thaayorre」一樣，都是感知的語言。對這些人而言，開啟空間感知的能力有助於蓬勃發展或生存，即便未能如此，至少也得以欣賞周遭世界的樣貌。

意識通常源自於必需。八十多年前，心理學家哈利・德席爾瓦（Harry DeSilva）訪問了一名似乎天生就能辨別東西南北的十二歲男童。起初德席爾瓦以為自己找到了一位空間高手，後來發現，男童的母親分不清左右，只好利用基本方位來描述不同物體的相對位置。她會跟兒子說「幫我拿衣櫥北邊的那把刷子」、「去坐在門廊東邊的椅子上」等之類的話。久而久之，那名男童光在家裡生活，就學會了如何掌握地理方位。

## 找路的核心——專注力

如果請世界上技藝高超的導航者教導我們一件事，那會是仔細留意周遭的動靜。要持之以恆未必容易，正如蕾貝卡・索爾尼特在《實地迷路指南》中所述：

> 觀察天氣，掌握路徑，記憶沿路地標，思考在某處轉彎後去程與回程的旅途看

起來會有多麼不同，根據太陽、月亮與星星的位置來辨別自己的位置，留意水流的方向，覺察讓大自然變成識字者可判讀的周遭萬物，而這是一門藝術。迷途者往往不識屬於大地本身的這種語言，或者從未停下腳步用心體會。

專注是尋路的核心，但它還有更重要的目的：牽起我們與周遭空間的連結，防止我們與現實脫離。知道「我在這裡」——透過感官盡情感受——可以讓人倍感安心，倘若你跟多數人一樣，經常因為天馬行空的思緒而分散注意力，就更應該如此。透過意識，尋路成為一種冥想，而在遊牧與航海文化中，導航專家受人尊崇的原因不只是出眾的空間技能，也在於作為導師或領袖的身分。他們的角色是引導人們走過生命的荒野，指引人們在心理與物質領域中的方向。任何一種文化都需要導航者。

導航能手在遊牧文化中備受尊敬的一個原因是，迷路的後果往往不堪設想。這在所有文化中皆然。每個人似乎都痛恨迷路，甚或是迷路的可能性。下一章，我們將檢視這種反應背後的心理學，並瞭解搜救專家對於迷途者的行為有哪些獨到見解，此外也會描述一個女人在森林裡迷路的故事，說明這樣的事件即使到了今日仍有多常見。

# 第八章

# 迷路心理學

## 失蹤的潔芮・拉姬

二〇一五年十月的某天，一名森林勘測員在緬因州雷丁頓山附近的茂密林地區工作時，無意間發現了一個坍陷在樹叢裡的帳篷。他注意到裡頭有一個背包、幾件衣服與一個睡袋，推測睡袋裡有一具人骨。他拍了一張照片後，連忙離開森林並打電話通知主管。這個消息很快傳到了緬因州林務管理局搜救協調員凱文・亞當（Kevin Adam）的耳裡，他聞訊後立刻對那名勘測員的發現做了猜測。後來他寫道：「從那個地點在地圖上的位置與照片看來，幾乎可以確定那名死者是潔芮・拉姬。」

潔拉爾丁・拉姬（Geraldine Largay，小名「潔芮」），來自田納西州的六十六歲退休護士，於二〇一三年七月在雷丁頓附近失蹤，當時她嘗試徒步走完阿帕拉契山徑，這是一條國家級健行路線，從緬因州中部的卡塔丁山延伸近三千三百八十公里到喬治亞州的史賓納山。她的走失引起緬因州史上最大規模的搜救行動之一，在兩年的時間裡，搜救人員一無所獲。在勘測員偶爾發現她紮營的地方之前，沒有人知道她的下落。

潔芮期待這場旅行已久，她與朋友珍・李（Jane Lee）在二〇一三年四月二十三日從西維吉尼亞州的哈普斯渡船口出發。她們計畫採「跳躍折返」的方式健行，往北走到卡塔丁山後開車回到哈普斯渡船口，接著再往南步行到史賓納山。她們有助手，那就是潔芮的先生喬治（George），他開車隨行，負責在預定的地點提供補給品，還有偶爾載她們到旅館休息。潔芮與珍的旅程相當順利，到了六月底已抵達新罕布夏。珍因為家有急事中途退出，但潔芮繼續健行。她步行速度緩慢，一小時才走約一點六公里（她替自己取的「小徑名」①是「尺蠖」，因為步速慢得像隻幼蟲）。她的方向感並不好，但裝備齊全。她習慣事先規畫周全，一向知道該去何處尋找水源與住所，隨和與熱情的個性也讓她跟許多登山客結為好友。其中一人名為「桃樂絲・拉斯特」（Dorothy Rust），她接受《波士頓環球報》（*Boston Globe*）採訪時透露：「她充滿自信與喜悅，跟她聊天如沐春風。」

拉斯特與健行夥伴的目的地位於南方，途中在帕普勒山脊（Poplar Ridge）的單坡頂小屋遇見了潔芮，從那裡往北走，就是潔芮失蹤的雷丁頓山區。他們是潔芮生前最後遇到的人。七月二十二日清晨約六點三十分，他們看著她收拾行囊、吃完早餐並將帆布

① 挑戰阿帕拉契小徑的登山客通常會替自己取一個小徑名（trail name）。

背包繫在身上。拉斯特為她拍了一張照片。根據林務管理局的案件報告，潔芮「戴了一塊藍色方頭巾，身穿紅色的長袖上衣、褐色短褲與健行靴，背了一只藍色背包，戴有一副款式獨特的眼鏡，臉上洋溢笑容」。他們幾個人都在那張照片裡，潔芮看來一副整裝待發的模樣。

從帕普勒山脊出發四十五分鐘後，潔芮傳簡訊給喬治，報備已在路上。他們約好隔天傍晚在那條山徑三十四公里處的道路交岔口會合。她並未依約出現在會合點，是出事的第一個徵兆。喬治等了一天後通報林務管理局，對方隨即展開反覆演練的搜救程序。接下來的幾個星期，數百名專業救難員與訓練有素的志工搜遍了雷丁頓周圍的林區。他們毫無斬獲，並未發現衣服的碎布，也不見帳篷的蹤跡。調查與搜找工作持續了二十六個月，直到潔芮的屍體被人發現。那時真相才水落石出。

勘測員發現這起駭人事實的隔天，凱文．亞當與管理局人員搜找潔芮的遺物，清查手機的通話紀錄與包在防水袋裡的日記，試圖拼湊事發經過。他們得知，潔芮在七月二十二日早上從帕普勒山脊的小屋走了數公里後，中途離開山徑去找如廁的地方，結果迷路了。她很有可能走進森林裡不超過八十步（約六十公尺）——她一向如此。她在盤根錯節的樹林與灌木叢中迷失方向後，開始到處遊走。上午十一點零一分，她傳簡訊跟喬治說：「遇到了一些麻煩。中途離開山徑去找廁所，現在迷路了。你能幫忙打給AMC（Appalachian Mountain Club，阿帕契登山俱樂部），請他們派步道維護員來找我嗎？我在森林路北邊某處。愛你。」不幸的是，她所在的地區沒有收訊，這封與之後打的數封簡訊都沒能送出。隔天下午她試著再傳一次：「從昨天就迷路到現在。離山徑約五、六公里遠。請幫忙報警。愛你。」那天晚上，她在自己能找到地勢最高的一塊空地上紮營。她有聽見搜救偵察機與直升機的聲音，盡全力發出信號。她試圖生火、將反光救生毯掛在樹上，等待救援。

八月六日，潔芮最後一次使用手機，不過她繼續寫了四天日記。到了那時，她知道自己已無生路。她寫了一張字條給總有一天會到來的搜救人員：「如果你發現我的屍體，請打電話給我的丈夫喬治和女兒凱芮（Kerry），這會是最大的慈悲，請讓他們知道我已經死了，還有我人在哪裡——無論過了多少年。希望你能幫忙將這袋物品寄給他們其中一人。」她獨自一人在荒野中撐了至少十九天才因曝曬過度與飢餓而身亡，比許多專家推估的還要久。她並不知道，在那段期間，有一支搜救犬隊經過且距離她不到一百公尺，她不知道自己的營地與山徑的直線距離只有零點八公里，她不知道當初如果往下坡一直走，很快就會看到一條舊鐵路，而沿著那條鐵路不管往左或右，最終都能脫困。

## 對迷路根深柢固的恐懼

迷路是一件可怕的事。大多數的人面對一絲絲的迷途威脅就心神不寧。人類的大腦似乎天生就存有對於迷路的恐懼，就跟我們看到蛇的反應一樣出於本能：數百萬年的進化史讓人們明白，一旦迷路，往往下場悽慘。

這種恐懼在文化中根深蒂固。兒童在森林裡迷路的情節，在現代童話故事裡就跟在古代神話中一樣常見。在小說中，迷路的人通常能得到某種救贖：羅馬建國神話中，瑞慕勒斯（Romulus）和瑞慕斯（Remus）被一頭母狼救起；白雪公主遇到小矮人而獲救；就連《糖果屋》裡的兩個主角漢塞爾與葛蕾特原本幾乎快遭到巫婆的毒手，最後仍平安返家。現實往往更為殘酷：在十八與十九世紀，迷路是歐洲殖民者的年幼子女在北美荒野中最常見的死因之一。加拿大作家蘇珊娜・穆迪（Susanna Moodie）於一八五二年寫道：「每年夏天幾乎都會有加拿大殖民者的小孩在邊遠的荒林地區走失。」穆迪的妹妹、身為拓荒者與作家的凱瑟琳・帕爾・特雷爾（Catharine Parr Traill），改編兒童在森林裡迷路的真實故事，寫成小說《加拿大版魯賓遜漂流記：米湖平原的傳說》

（*Canadian Crusoes: A Tale of the Rice Lake Plains*）。《加拿大版魯賓遜漂流記》的故事背景為緬因州以西數百里的安大略，然而特雷爾描繪的荒野，就彷彿潔芮・拉姬走失的森林：「那條小徑杳無人煙，詭異的樹木黑影一路延伸到彼端的陡峭河岸，隨風搖曳成奇形怪狀，這般情景讓孤立無援的迷途者的心中湧起了深刻不安。」

在大眾心中，迷路等同於悲劇。二〇〇二年英國林業委員會委託的一項調查指出，許多人會盡量避免去森林，因為他們覺得自己容易迷路，而且擔心若不幸成真，就再也走不出來。林業委員會得出的結論是：「民間傳說、童話故事與恐怖片」影響了人們的觀感，「大家發自內心地害怕迷路」。而普羅大眾的恐懼，其來有自。

生在衛星導航系統盛行的年代，我們忘了迷路有多容易發生，而且經常誤以為自己對周圍世界瞭若指掌。常見的認知錯誤——譬如以為山脊、海岸線與其他地貌平行而列——可以輕易經由指南針或地圖應用程式矯正。但是，科技就跟人的大腦一樣，如果我們不確定使用方法或不知道它也會出錯，便有可能因此迷路。機師法蘭西斯・奇切斯特在二戰中指導英國皇家空軍飛行員的期間，兩名學員在一次試飛中迷航了。奇切斯特駕駛自己的輕航機在威爾斯（Welsh，或Wales）山區搜索數天，但無功而返。三個月後，他聽聞那兩名學員成了戰俘：他們誤判方位而朝東南方飛行，與正確的西北方完全相反，並錯將英吉利海峽認成布里斯托海峽。「機場豎起一盞探照燈時，他們還滿心感激，」奇切斯特在自傳中描述，「直到飛機降落在跑道上，一名德國士兵走進駕駛艙拿衝鋒槍指著他們的頭，他們才恍然發現那裡不是英國機場。」如果時空換成現代，那就相當於依照衛星導航的指示走入河裡。

我們很難預測人在迷路時會有何行為，但可以假設——搜救隊經常如此——他們不大會自救。很少人會在迷路時設法採取最合理的行動並留在原地。大多數的人們會覺得有必要繼續移動，因而陷入未知的情況中，傻傻盼望逃生路徑終究會出現。由迷途者的敘述可知，他們難以抵擋這股繼續前行的衝動，就連技能出眾的導航員也是如此。三〇、四〇年代率先在北非沙漠從事探險也是英國陸軍遠程沙漠部隊的創辦人的拉爾夫・巴格諾德（Ralph Bagnold），憶起在埃及西部沙漠迷路的往事，表示當時自己有「一個非常強烈的念頭」想繼續往前開，不管哪個方向都行。他認為那是一種精神失常。「這種心理作用……是近年來幾乎所有沙漠災難的肇因。」他寫道，「如果迷路的人可以在原地等個半小時，吃個東西或抽根菸，就能夠恢復理智，好好想辦法脫困。」

當你迷路，抵抗（或者應該說是待在原地）好過逃跑，至少在你想出辦法之前應該這麼做。現在你知道了這一點，之後萬一迷路，是否就會照做？某種程度上應該會。研究動物與人類如何進行空間導航的雨果．史畢爾，曾在探索祕魯境內的亞馬遜盆地時無意間成了自身理論的實驗對象。他問營區的守衛可否到叢林裡散步，他們叮嚀他不要走太遠。

於是我並未走遠，但那可是叢林，走十公尺就足以讓人徹底迷失方向。我在裡面迷路了兩小時。他們派出搜救犬找我，我不是第一個讓他們這麼做的人。那次的經驗嚇人得很，腦中的聲音一直要我往前跑，要我不停移動。我很清楚，那不是正確的策略。在叢林中不斷移動並不能救你一命。於是，我試著冷靜下來，謹慎思考，暫時按兵不動，並觀察四周；結果我發現自己一直在繞圈圈，就像電影演的那樣。我拿一把砍刀在一棵大樹上做記號，以分辨走過哪一條路。這個方法開始奏效。我在樹上劃三刀，如果最後走回那棵樹所在的位置，就知道自己繞了一圈。他們派出搜救犬時，我離營區已經不遠，但看到救兵時依然鬆了好大一口氣。這段經歷讓我深刻體會徹底迷路非常可怕，這不是一件稀鬆平常的事情。

幾年前，致力研究迷路行為的加拿大哈利法克斯聖瑪莉大學心理學家肯尼斯．希爾

（Kenneth Hill）查閱了八百多份搜救報告，這些文獻出自他的家鄉新斯科細亞，那裡百分之八十的土地都是森林，是著名的「北美失蹤人口之都」。在當地，你光是離開自家後院幾步，都有可能迷路。他發現，這八百多個案例中有兩名走失者在事發時待在原地，一名是出外採蘋果的八十歲老婦，另一名是曾在學校上過「抱樹求生」（Hug a Tree and Survive，顧名思義就是教導孩童在迷路時留在原地）課程的十一歲男童。他指出，多數迷路者在獲救時呆滯不動，因為他們已跑得精疲力竭而無法繼續前進。

無論如何，想要移動的衝動有可能是演化的適應性：在史前時代，如果你在陌生的地方四處遊蕩，幾乎肯定會被野獸吃掉。迷路行為的另一個古怪之處更令人困惑，那就是在看不見任何空間線索的情況下，當事人傾向原地打轉（這不只是會發生在電影裡）。在茂密的林地、漫無邊際的平原或伸手不見五指的濃霧中，沿直線走好幾公尺幾乎是不可能的事。這個反常的習性可能有其功用：在森林或空曠的沼澤倉皇遊蕩時，你至少還能預估自己最後會走到起點的附近，而且處境不會比之前糟糕，多少可算是一個小小的安慰。

原地打轉的行為，會發生在環境中無明顯地標或空間邊界，以及放眼望去的景色相去無幾的情況下。如果沒有固定的參考點，我們便會四處迷走。太陽或月亮可作為找路的依歸，但假使你未留意太陽在天空中的位置變化，方向感可能會越來越混亂。在《加拿大版魯賓遜漂流記》的附錄中，凱瑟琳．特雷爾描述一個女孩在安大略森林迷路三個星期的真實故事，當事人相信太陽能引導她走出森林，因此從日出到日落都跟著太陽由東到西的軌跡移動，結果到了晚上，她發現自己走回早上出發時的地點附近。

在缺乏地標的地方迷路會使人原地打轉或不斷鬼打牆的看法，似乎不大可能，但許多實驗都證明這是真的。一個通俗的理論是，其原因出在身體構造的不對稱：每個人兩隻腳的長度都不一樣，因此行走時會偏向某一邊。然而，這無法解釋為何有些人會隨著不同的地方而向右或向左轉。

二〇〇九年，詹．梭曼（Jan Souman）追蹤一群志願受試者，他們帶著GPS監測器嘗試直線穿越撒哈拉沙漠與德國賓恩維德（Bienwald）森林。太陽沒露臉時，他們沒有一個人能找得到路：方向決定的錯誤一個接一個，越走越偏，最後又回到原點。梭曼得到的結論是，倘若沒有外在線索，人們離開原點不會超過一百公尺，不管走了多久。這充分說明了人類空間系統的運作，以及其讓我們與周遭環境保持連結所需的元素。人類不同於沙漠螞蟻，並不擅長運用航位推測法，而這是在沙漠、森林與濃霧中唯一可行的導航法。在缺少地標與邊界的情況下，通常能讓我們保持在路徑上的頭向細胞與網格細胞無法計算方向與距離，因而導致我們四處亂繞。這個知識在迷路時發揮不了作用，但或許能說服你在出發前備好指南針或GPS追蹤器，以及最重要的，進入森林時留意四周、提高警覺——這是尋路人的黃金守則。

## 森林——充滿挑戰的找路場地

阿帕拉契山徑的步道標示為白色矩形噴漆，每二、三十公尺的樹幹、木柱與岩石上都畫有記號。這是一條使用已久、地面平坦的路徑：每天都有十幾人來此健行，就連不易到達的區域也是如此。每年約有二十名登山客在緬因州走失，但幾乎所有人都是幾天內就被尋獲。在這裡一迷路就不復返的案例少之又少。有鑑於此，潔芮究竟發生了什麼事？

潔芮失蹤的消息傳出後，一些媒體報導暗示，她低估了「全程健行」走完山徑的難度。她的朋友珍．李向調查人員表示，潔芮除了方向感不好之外，走到後來速度變慢，也越來越沒信心，而且害怕獨自一人。她的醫生透露她長期受焦慮所苦，有可能恐慌症發作——她有依照處方籤服藥，但顯然她身上沒有帶藥。她的丈夫喬治則注意到，近年來她覺得健行的難度越來越高，他擔心這次的旅程「讓她負荷不了」。

這些說法都不足以解釋她走失的原因。在阿帕拉契山徑全程健行的確不容易，但潔芮似乎做得挺好。桃樂絲．拉斯特向《波士頓環球報》表示，她「很懂得隨機應變」。潔芮為了這趟旅程已準備多年，也完成了數次作為練習的長程健行。自從離開西維吉尼亞之後，她徒步走了近一千五百公里，因此比山徑上其他多數登山客更有經驗。如果她沒有帶上焦慮症的藥物，可能是因為她對這件事並不感到焦慮。她一心一意追尋夢想，也踏上了實現夢想的旅途。

她犯的錯誤十分常見。阿帕契山徑的雷丁頓路段植被茂密。走上山徑八十步，你會發現每個方向的風景都長得一樣。如果你在行進的同時未能仔細觀察四周（尋路人的致命錯誤），就無法參考任何地貌以走回原點：沒有地標，沒有邊界，也沒有畫上白色記號的樹木。那裡的大部分區域隸屬美國海軍「生存規避抵抗和逃逸」（Survival Evasion Resistance and Escape，SERE）訓練學校管轄，該機構教導飛行員與特種部隊士兵如何在敵境求生。海軍會選擇這個區域，就是因為人一旦走進那裡，便很難逃出來。

當地人表示，如果你在緬因州這區偏離了山徑，很容易迷路。負責管理該州其中一支搜救犬隊的吉姆．布里吉（Jim Bridge）說：「我學過一次教訓。我跟潔芮一樣，為了上廁所走到路徑以外的地方，回來時直接錯過了山徑。你習慣了這條平坦的山路，腦中也有路線的畫面，但換了一個方向就變得完全不一樣了，原本腦中的那條線實際上變成了一個點。你很容易回頭看卻看不見它。」登山客也明白這一點。在美國社交平台「已讀網」（Reddit）上討論潔芮走失一案的論壇中，一名曾在二〇〇〇年爬過阿帕拉契山徑的網友發文評論：

> 她身處這條山徑比較崎嶇不平的路段之一，儘管失蹤這件事有點離奇，但她做的一切並不愚蠢。就我個人所知，有數百個人爬完整條阿帕拉契山徑，沒有一個人心中出現「她怎麼會上個廁所就迷路」或「她怎麼沒帶地圖與指南針」這樣的疑問。我們哀悼這名登山同胞的離世，同時也體認到，在些微不同的情況下，假使我們被迫離開路徑寸步，也有可能找不到原路。

森林是尋路的一項挑戰，因為它們缺乏醒目的特徵。「森林會讓你感到渺小、困惑與脆弱，就像一個小孩在陌生人群中一樣無助。」比爾・布萊森（Bill Bryson）在自述阿帕拉契山徑之旅的回憶錄《別跟山過不去》中寫道。森林裡的視野有限，會讓人感覺像在迷霧中找路。肯尼斯・希爾表示：「任何人在森林中待得夠久，遲早都會迷路。」美國東部的廣闊森林帶充斥著錯綜交雜的樹叢與高聳遮天的林木，令人望而生畏、倍感壓迫。為了追求更好的生活而在十八、十九世紀從荒蕪平坦的高地移居來此的蘇格蘭移民，可說相當沮喪與失望。一八三一年一名遊客對當地的印象是：「那種孤獨感陰鬱沉悶，宛如瘟疫般無孔不入，……是有史以來最令人絕望與刻骨銘心的風景之一。」

如今緬因州的居民十分鍾愛當地的森林，但也敬畏於其地貌的詭譎莫測。雷丁頓周圍幾乎所有居民都是當地搜救隊的志工，或者曾是其中的一員。每個人都聽過一些人在那裡迷路後被尋獲甚至有人一去不回的故事。迷路是生存的敵人，是始終存在的威脅。在這些地帶，迷途一如兩百年前或史前時代那樣，是顯著的危險。潔芮為了征服這條山徑準備已久，做足了功課。她走了將近一千六百公里的路，原本預計再走一倍的距離。然而，她並未準備好面對荒野的挑戰，還有沿路上會遭遇的孤獨。很少有人做足這樣的準備。

## 與世界脫節的迷路經驗

曾經徹底迷路的人們永遠忘不了那種經驗。他們突然與周遭環境斷了連結，陷入一個全然陌生的世界。他們感覺自己快死了。在驚魂未定之中，他們的行為變得令人困惑，導致搜救工作不管在心理或地理上都是一個艱鉅的挑戰。一位在職三十年的國家公園管理員告訴我：「你永遠想不透，為什麼迷路的人會做出那些決定。」

迷路是一種認知狀態：內在地圖與外在世界脫節，沒有任何空間記憶可以對應眼前所見的景象。但本質上，這是一種情緒狀態，讓人在精神上禍不單行：不僅手足無措，還喪失了理性判斷的能力。這種情況即為神經科學家約瑟夫・勒杜（Joseph LeDoux）所謂的「情緒惡意接管了意識」。有九成的人在意識到自己迷路時，會讓情況變得更加棘手，例如四處奔走。恐懼使他們無法解決問題或思考對策。他們未能留意地標，又或者是記不住地標。他們不知道自己走了多遠。他們心中湧起幽閉恐懼，彷彿周遭環境逐漸圍困自己。對於這些行為，他們無能為力，因為這是一連串的演化反應。擁有神經生物學背景的搜救專家羅伯特・凱斯特（Robert Koester）如此形容：「在戰或逃的反應下，兒茶酚胺（catecholamine）②全面爆發。」基本上這是一種恐慌症。在森林裡迷路可能會致死，這話一點也不假。你會覺得自己脫離現實，瀕臨瘋狂的邊緣。

經驗豐富的探險家跟新手一樣容易受這種反應所影響。一八七三年，《自然》（*Nature*）科學期刊有篇投稿文章敘述，在西維吉尼亞的深山，「即便是老馬識途的獵人……也容易恐慌症發作；他們會突然間『失去理智』，相信自己正在朝與原本要去的地方完全相反的方向走」。撰文者接著指出，這種迷失方向的感覺「會伴隨著極度的緊張與一般常見的驚慌和不安」。這個主題在當時備受學界關注──那位作者撰寫此文是為了回應達爾文在前一期所發表的一篇文章，其主張，迷路造成的痛苦「會導致人們懷疑，大腦有某個部分專門處理方向感的運作」。僅僅過了一世紀，心理學家詹姆斯．弗蘭克（James Ranck）便在大鼠腦中海馬迴前下托的背側發現頭向細胞，證實了達爾文的論點。

迷途者往往會失去理智與分不清方向。迷路的人「失了魂般地」與搜救隊擦身而過，或者刻意避開搜救人員，拚命逃跑直到被捕才束手就擒等故事，在搜救領域中時有

---

② 身體在壓力之下會分泌的一種化合物，包含腎上腺素與正腎上腺素。

所聞。從事迷路行為研究的心理學家艾德．康乃爾指出，訪問剛獲救不久的走失者非常困難：「基本上他們的腦袋一團混亂」，想不起自己發生了什麼事。

有時候，迷路的人會產生幻覺。在一八四七年的冬天，鐵路勘測員約翰．格蘭特（John Grant）在勘察穿越新布藍茲維克森林的一條新路線時，與同事走散了。他在曠野中沒有帳篷或食物，就這樣遊走了五天五夜，獲救時奄奄一息。那段期間，有聲音不斷在他耳邊徘徊，而在某個時刻，他以為自己是個原住民，恍惚中還看見家人靠在樹旁：

> 我大聲呼喊，但令我訝異的是，完全沒有人聽到或回應。……我走上前去，但他們的人影漸漸模糊，彷彿在躲避我似的；我氣惱地試了幾次仍無法吸引他們的注意。終於，我腦中閃過了可怕的真相：其實那只不過是幻覺，而這樣的敘述再貼切不過了。心中冒出了不祥的預感，我開始擔心，自己是不是快瘋了。

心理學界蒐集了大量的證據，表明壓力與焦慮會影響尋路所需的認知功能，其中多數出自與軍隊新兵有關的研究。在一項實驗中，康乃狄克州紐海芬大學的法醫精神病學家查爾斯．摩根（Charles Morgan），測試美國海軍生存規避抵抗和逃逸專校（地點靠近潔芮．拉姬失蹤的位置）的飛行員與機組人員在進行生存訓練時的精神反應。摩根利用一項常見的心理練習進行實驗，請受試者記憶圖像中的線條〔雷伊奧斯特里特複合圖形（Rey Ostereith Complex Figure，ROCF）〕，然後嘗試畫出一樣的圖形。雷伊奧斯特里特複合圖形測驗可量測視覺空間的處理與工作記憶——這兩者在地圖判讀、空間意識、路線規畫與其他導航任務中都不可或缺。他發現，在這所學校仿戰俘營而建、以壓迫感聞名的營區受訓的新兵們，在練習中的表現差得可以。他們不只記不住線條，畫出來的圖也零零落落，就像未滿十歲的兒童那樣有一筆沒一筆地塗鴉。

摩根將這種現象稱為「見樹不見林」。這正是多數人在高度焦慮時會有的行為：無法綜觀全局，因為腦中的認知地圖瓦解了。救難直升機的組員經常面臨的一個問題時，打電話求救的人不知道自己身在何處或無法描述所在位置，而這樣的認知失誤幾乎可以確定是壓力所致。「在壓力情況下，大家都不聰明。」摩根表示，「關鍵是，誰比較快變笨。」

從人類在迷路時的強烈反應，我們學到了與空間的互動的哪些重點？其中一點是，我們必須保持與物質現實的連結及維持地域感——不論我們花多少時間在網路世界，仍需要知道自己身在何處。環境對我們的感受造成巨大影響：不同的地方可以讓我們感到恐懼與興奮，也能帶給我們安全感。認知地圖既是感覺的集合，也是幾何結構的集合：能夠同時捕捉情緒與空間資訊。這兩者密不可分：徹底迷失方向的人通常不會急著往回走，而且會盡量不去景色相似的地方。他們感受到的恐懼成了地景的一部分。

## 結伴同行

潔芮在生前最後十九天裡做出的決定疑點重重：她有帶口哨，但為何不鳴笛求救（可能她有這麼做）？她身上有一個小型指南針與山徑的剖面圖，但為何她不拿出來用（或許她也這麼做了）？為什麼她發現搜救隊並未看見自己後，不立刻移動（她一如任何專家所建議的待在原地）？考量她當下可能的狀態，這些都是假設性的問題。她不僅徹底迷路，還孤身一人。只有受過廣泛生存訓練的人，才有辦法在這種壓力下理性思考。

很難想像孤獨讓人如此卑微。「你會變成一個緊黏著媽媽不放的小孩。」二〇一〇年獨自在莫哈韋沙漠迷走了六天的艾德．羅森塔爾（Ed Rosenthal）如此回憶道。當時他又渴又累，救難直升機找到他的時候，他虛弱得站不起來。獨自一人的狀態使一切雪上加霜：你變得更脆弱，更害怕，更不理性。這也是登山客與獵人最好在進入森林之前

「結伴同行」的原因。再次重申，潔芮並沒有錯——夥伴必須中途離開不是她的問題。

有時你一字不差地按照建議去做，仍有可能受挫，儘管那些基本原則簡單好記。探險家佛萊迪．史賓塞．查普曼在二戰期間曾在日軍占領的馬來亞待了三年半，與共產黨的馬來華人共同策畫對抗行動，而他提出了一些絕妙建議。他保持頭腦清醒的基本原則是，對叢林抱持不卑不亢的態度，並冷靜看待在其中遭遇的一切。戰爭結束的十年後，他在名為〈如何不迷路〉（On Not Getting Lost）的文章中抒發感觸：

> 在馬來亞叢林中，我會在無聊時離開營地到處遊走，刻意迷路，只為了讓自己體驗那種刺激感，還有練習找路返回營地。這項訓練很有用，因為當我真的迷路時（同行的華人毫無方向感），我並未陷入恐慌。這是避免迷路最棒的訣竅。你一覺得自己偏離了路徑，就應該立刻停下腳步，回想到底從哪裡開始走錯路，然後趁還來得及的時候試著走回原路。

這聽來容易，但對大多數的人而言完全不然。

## 艱難的山林搜救行動

二〇一三年七月二十五日下午四點三十分，喬治．拉姬通報潔芮失蹤的隔天，吉姆．布里吉接到緬因州林務管理局的電話，受命出動搜救犬並向指揮所報備。「在那之後，我們找了二十四天。」他說。吉姆在美國海軍服役四十年，從事野地搜救的年資更久。臉上蓄有粗獷水手白鬍的他，外表看來就像你在邊遠山林中迷路時，有辦法拯救你的那種人。

那天傍晚，吉姆及同事們與數十名林木管理員、森林巡邏員與警官共同商討對策，並開始搜索阿帕契山徑的雷丁頓路段兩邊的森林。接下來幾天，數百名來自緬因州搜救協會訓練有素的志工也加入行列。他們採網格式搜索，透過GPS記錄行進路線，以便凱文．亞當與搜救調度員監測他們找過的區塊。亞當還派出了直升機與偵察機。同時，調查人員也偵詢了他們得知曾在潔芮失蹤後的那幾天到那條山徑健行的每一位民眾。他們研判潔芮至少走到了位於斯波爾丁山的邊遠臨時住所，那兒距離帕普勒山脊快十五公里。過了整整兩週，他們才發現先前蒐集到的線索全是錯的：有登山客聲稱在斯波爾丁山附近看到潔芮，事後查明是認錯人。搜救團隊又移師回到阿帕契山徑，但已錯失救援的黃金時間。

「要不是資訊錯誤，我們或許就能找到她了。」吉姆表示，「假如我們知道她從未走到斯波爾丁山，就只剩不到十三公里的山徑還沒搜索完，而不是三十七公里。那樣她也許就不會死了。」這是吉姆參與過最困難的搜救行動之一。該區的林相在緬因州境內最為原始雜亂，四處可見傾倒的殘枝斷木，地勢崎嶇不平。某些地方的能見度不到二十五公尺。「在那裡搜救非常困難，我們得來回再三確認。」如今吉姆知道，在潔芮遭通報失蹤的兩個半星期後，他帶領的搜救犬隊曾經過她紮營的山脊下方，可能只距離九十多公尺而已。「她原本可以生還的。這是最讓人悲痛的事。」

亞當與其他林木管理員發現證據令人困惑地稀少——在長達二十六個月的時間裡，拉斯特在帕普勒山脊為潔芮拍的照片，是他們唯一的可靠線索。那段期間，他們追蹤了全國各地數百個消息來源，其中大多稀奇古怪。好幾位靈媒提出了見解，有人表示潔芮被山貓抓走了，有人指她掉進了深谷，還有人說她利用形似煙囪的巨石遮風蔽雨。更貌似可信的是，一些在雷丁頓健行的登山客通報他們發現了有可能屬於潔芮的幾件破衣與裝備，包括棒球帽、背包防雨罩、登山杖與口哨。還有人說自己在登山時聞到濃濃的腐臭味。林務管理局探究了每一個消息，而它們對於破案都毫無幫助。

幾個星期過去，潔芮依然不見蹤影，搜救人員開始一如往常地自責。「對我們來說，失蹤者不只是某個人而已，而是我們認識、仔細調查過的人。」吉姆解釋道，「民眾也很關心這件事。」有些人得知消息後更是悲痛不已。在附近菲利浦斯鎮一間餐館工作、在事發後也加入搜救行列的塔米（Tammy）透露，那段時間鎮上居民都很難熬。「我們好希望能找到她。一些年輕人找了好久還是徒勞無功，後來才明白她肯定不幸罹難了，這帶給他們很大的打擊。」讓某個人在森林裡生死未卜，是前所未聞的事。「我們一向都能找到人。」那時凱文．亞當這麼說，「一向都是如此。」

## 迷路者的搜救研究

透過精密的虛擬實境科技，研究導航的心理學家無須離開實驗室就可測試人們的空間能力。他們能夠控制在物質環境中無法解釋的許多因素，例如地標、幾何結構或其他人的存在，進而確定量測結果。在虛擬世界裡，研究人員可以改變迷宮的布局或摩天大樓的高度，並準確監測受試者的反應。運用虛擬實境科技的實驗帶來了許多洞察，例如方向感如何因年齡而異，或穿越門口的動作對空間記憶有何影響。然而由於受試者不是坐在螢幕前、就是頭戴耳機，因此這些實驗永遠無法捕捉在現實世界中全面而豐富的導航經驗。

搜救專家跟心理學家一樣，大多時間都在觀察人們的行為。他們的對象是自發性地與周遭環境互動的迷途者，而實驗背景（大自然）盡可能貼近真實。不同於實驗室裡的專家，搜救人員無法控制環境，因而難以從科學角度上測度行為，但他們並未因此放棄嘗試。

自七〇年代起，一些研究人員與美國、加拿大、澳洲與英國的搜救隊合作，蒐集迷路行為的資料。他們對於可輕易測度的行為面向最感興趣，譬如走失者在獲救前走了多遠與遊蕩了多久、偏離原本的路線多遠、他們最後停留在哪一類的地點，以及最重要的，他們是否存活。結果發現，這些傾向在某種程度上可以預測，而且會隨當事人的年齡與性別、精神狀態、周遭地形、迷路時的行為及是否患有自閉症或失智症等其他因素而異。換言之，不同類型的人迷路的方式也各有差異。由羅伯特·凱斯特管理的國際搜救事件資料庫（International Search and Rescue Incident Database）彙整了十四萬五千多起案件的資料，不過同一個國家的統計數據未必相關。有人失蹤時，搜救調度員可參照這個資料庫或區域專屬的數據，推估最有可能尋獲走失者的區域或走失者可能採取的路線（假設他們對當事人有充分認識的話）。負責彙整英國走失人口資料的搜救研究中心的人員戴維．柏金斯（Dave Perkins）表示：「重點是，設身處地從走失者的角度與想法來預測，他們在迷路時會怎麼做。」

若想運用搜救數據找人，前提是得瞭解走失者不會隨意遊蕩（除了小孩之外，如第二章所述，他們經常到處亂跑），而是依據地景與心理狀態行動。數據顯示，多數生還的迷途者往往在建築物或搜救人員所謂的「定向輔助物」獲救，如道路、小徑、小路或野生動物的通道；失蹤兒童有百分之九十六的比例平安脫困，成人只有百分之七十三；患有自閉症的兒童經常在感到不安時逃離現場後走失，他們往往會躲在某種結構裡（附屬建築、小屋或甚至濃密的灌木叢），不回應搜救人員的呼叫，也很少感覺到危險；外出覓食的人們通常不會帶太多裝備（他們預期自己不會在外面待太久），因此很容易曝曬在太陽下，如果天候惡劣還有可能死亡；北美洲的獵人尤其如此，因為他們會刻意離開路徑以貫徹狩獵精神，很容易忘了時間與迷失方向；獨自行動的男性登山客一旦迷路，遊走的距離遠大於其他族群的走失者，因為他們不願意長時間停留在某處，於是不斷遊蕩直到獲救。

搜救人員越瞭解走失者，就越能調整搜索方針，但即使對當事人一無所知，他們仍能根據所有人類（及許多動物）在陌生環境中的直覺行為，來推斷失蹤者可能的所在位置。例如，人都容易受邊界所吸引③，諸如田野的邊緣、森林的邊際、排水溝、排成一列的鐵塔與湖岸等。希爾剛入行時曾搜救過一名抑鬱的八十多歲老翁，當時尋獲他的地點介於樹林與草地之間。搜救人員通常會先搜索這類區域，還有各種建築、定向輔助物與任何直線地點等最省力的地方。這是或然性策略：刪除最有可能的地方後，就能提高在別處尋獲走失者的機率。

在搜救隊開始借助統計數據搜索之前，找不找得到人基本上是碰運氣。「鄰居通常比較容易找到人。」希爾說。他還記得一九八六年七月內心的無助感，當時五千多名志工、警察、消防隊員與士兵協力搜救在森林中走失的九歲男童安德魯．沃伯頓，而那裡距離希爾在新斯科細亞的住家不遠。這是加拿大史上最大規模的搜索行動。男童的屍體在第八天被尋獲，位置距離他最後現蹤的地點三公里多，比大家設想的還遠。在那不久後，希爾開始深入研究迷路行為，並自行展開田野調查。他相信，假如當時他們擁有現

③如欲瞭解原因，請見第三章關於大腦下托區中邊界細胞的討論。

在的知識，結果便會不一樣。儘管緬因州的搜救隊握有大量消息仍無功而返，但再多的科學研究，都彌補不了資訊的不足。

## 高山救難隊志工

位於英格蘭西南部的達特穆爾國家公園，以廣袤地景、泥炭般的黑沼與湍急的河流備受遊客喜愛。從花崗岩高地（即「突岩」）可遠眺荒野數公里外的景色，放眼望去幾乎沒有樹木阻礙視野。然而，達特穆爾的原始地貌宛如迷魂陣：天氣轉變時，沒有任何地形能遮蔽強風豪雨。此地跟北美森林一樣，經常有人迷路。地標與邊界遍地都是，但如果你不認得它們或無法在地圖上指出其位置，它們就一點用處都沒有，又或者濃霧瀰漫時，你會彷彿身處密林中，難辨方向。

如你所料，達特穆爾國家公園設有一支搜救隊，事實上有四支，每支分別負責總面積九百五十三平方公里的四分之一。我有一位姑姑住在這片荒野附近，二〇一六年，她介紹我認識安德魯．勒斯科姆（Andrew Luscombe），東南搜救隊〔據點為艾許伯頓（Ashburton）〕的志工。因為擅長背載笨重裝備而被大家尊稱為「架子」的他年約四十出頭，個性務實、健談，觀念保守。他開一台耐用的荒原路華衛士越野車，經常載著鍾愛的柯利牧羊犬並帶著獵槍巡視。他的電子郵件簽名檔是「平穩奔馳」，向老派的愛車致敬。他蒐集化石。然而，在搜救這件事上，他很跟得上時代。我們認識不到幾分鐘，他便讓我看他手機上最新的GPS製圖應用程式。他負責為隊上的控制車裝配一支搜救隊需要的所有高科技設備：急救箱、傷亡者運輸袋、攀岩裝備、收音機，以及可顯示隊員位置、鎖定走失者手機訊號及運用數據縮小搜索範圍等的數位製圖軟體。

在許多方面，「架子」跟各地的搜救志工沒有兩樣。他從小到大都住在達特穆爾國家公園附近。為了獲得搜救資格，他參加為期十二個月的訓練課程，通過了在荒野中利用地圖、指南針與航位推測法導航過夜的結業測驗。他隨時待命，無償從事這份工作（他同時還是一位藝術家與建築承包商）。如你所料，他有一點硬漢的氣質：他宣稱自己最愛的達特穆爾景點是苦難山（Mount Misery），一處惡名昭彰的險峻高崖：「那裡的岩地漆黑、多霧，經常風雨交加，氣溫接近冰點。」

「在志工界裡，高山救難隊或許是獨一無二的。」安德魯一位留有鬍鬚、嘴裡叼著菸斗的同事奈吉爾．艾許（Nigel Ash）說道。他是一名記者，常往返達特穆爾與突尼斯〔Tunis，他在那裡擔任《利比亞先驅報》（*Libya Herald*）編輯〕兩地。「我們每個星期都接受嚴格的訓練。隊上什麼人都有，像是地形勘測員、醫院傳送人員、建築臨時工、稅務員、專案經理、警察、園藝工人、醫生、音樂家、海洋生物學家、祕書、公務員、人資、老師與戶外指導員。要不是出於對拓荒的熱愛，正常情況下這些人根本不可能齊聚一堂。」

艾許伯頓搜救隊處理各式各樣的案件，從登山客迷路、獨木舟擱淺、遛狗民眾受困於惡劣天氣，到海軍陸戰隊士兵與青少年在一年一度遠足挑戰定向大賽中失蹤等都有。不過，其中以兩類特別具有挑戰性的走失者（占英國所有意外事故的一半）為大宗：失智症患者（達特穆爾外圍有好幾所照護之家）與抑鬱症病患（他們似乎特別嚮往開闊的空間與視野）。

遊走到這片高沼的抑鬱症患者之中，很少人是因為迷路才來此，不是精神恍惚，就是刻意迷失自我。相較於其他失蹤人口，他們通常走不遠（多數在最後現蹤地的方圓一點六公里內被尋獲），而絕大多數則是自我了斷，尤其是走到河邊或進入森林裡的人們。如果搜救人員對他們的背景有所瞭解，將能大幅提高救援機率，因為他們通常都前往自己熟悉的地方。

相反地，失智症患者多在走到高沼之前就已迷路。由於他們傾向直線移動，因此若能掌握他們一開始的行進方向（例如，他們離開照護之家後是往左或往右），對搜救工作會很有幫助。在都市地區，他們通常會沿著一條路一直走，不論最後會通往何處。在原始的鄉間地區，這種直線行進的傾向可能招致危難，因為他們往往會一股腦地向前走，而不是遇到障礙就改變方向。安德魯與同事們曾在荊豆灌木叢的深處救出兩名老翁：他們不顧一切地向前走，直到無法前進為止。

達特穆爾的搜救志工身懷許多救生技能。其中備受嚴格測試與經過訓練強化的一項就是導航。安德魯解釋：「你必須能夠在任何地形與天氣狀況下保持高標準的導航力。」如果你自認擅長導航，那麼只要你見識過這些搜救隊員在高沼中移動的能耐，肯定會甘拜下風。他們在行進時全面警戒，就像貓走到陌生花園裡窺探四周那樣，隨時查看地圖與指南針，觀察地形，計算步伐（六十步大約是一百公尺）。我們走了多久？我們尋找的目標是什麼？地勢往哪個方向傾斜？坡度是否與地圖上的等高線一致？安德魯光看地圖就能想像陸地的形狀，而當你的空間能力好到這種程度，甚至會希望遇上濃霧（在多數人看來有如恐怖片場景），因為這會迫使你專注於兩個可靠的東西：腳下踏的地面與指南針上的方向。許多登山客忘了查看指南針或計算距離而迷路，會試圖將周遭環境「改裝套入」他們認定的地圖位置。「有些人犯了大錯，以為自己尋找的標的物或地點不存在，或是錯過了它們的位置，」安德魯指出，「在那一刻，他們堅信目標一定『在那裡』，於是改變方向，之後走沒多久就迷路了。」不幸的是，沒有人知道，他們在哪裡走錯路，或該從哪裡找起。

## 搜救界的佼佼者

如果走失者並未遺留明顯的線索，則可以追蹤他們的足跡。但在這麼做之前，你必須先找到他們的足跡，而具備這項技能的人少之又少。據搜救界人士透露，德懷特・麥克卡特（Dwight McCarter）是數一數二的箇中好手，他在田納西州大煙山國家公園擔任邊遠地區巡務員已二十七年，而他至今仍住在當地。

麥克卡特出乎意料地難找。我花了三天在當地到處打聽，才收到他傳來的一則短信，指示約在國家公園北界外的小鎮湯森德的一間超市停車場碰面。他很好認，部分原因是他開一輛生了鏽的黃色掀背式汽車（里程表顯示已跑了四十八萬多公里，而他說車子從未故障）。他身穿藍色牛仔褲、厚重的藍色羊毛衫與堅硬得不怕蛇咬的登山靴。他有一張面容和善與輪廓分明的臉，說話的聲音悅耳動聽。

向晚時分，我們坐在長凳上望向南邊的大煙山。街燈上有隻貓鵲吱吱喳喳，而麥克卡特叫了幾聲回應牠。我們談話時，他不忘留意周遭的動靜，如光線的變化、蟲鳥的叫聲，還有來往的購物民眾。他說，這是追蹤的藝術。「察覺環境裡突兀的事物。」不同於傳統的搜救行動，追蹤不是一種數字遊戲。麥克卡特對其他走失者的行為不感興趣，他只關心自己正在追蹤的對象。他嘗試深入對方內心，猜測對方接下來會做什麼。這有助於瞭解他們的心思，譬如慣用左眼還是右眼，將會決定他們在遇到懸崖或河流時會轉向哪個方向，以及他們在森林裡會依順時針還逆時鐘的方向遊走（他說，慣用右眼的人傾向右轉，慣用左眼者則傾向左轉）。

麥克卡特有許多技能都是向擁有卻洛奇族（Cherokee）④血統的祖母學來的。「印第安人不會迷路，」他說，「他們會做記號提醒自己，知道要尋找什麼東西。」到目前為止，他在大煙山救過二十六個人，其中大多是兒童，有時他追蹤那些孩子痛苦奔逃的足跡數天才找到人。令他印象最深刻的是那些從未尋獲的失蹤者，例如六歲大的丹尼斯·馬汀，這名男童在一九六九年六月十四日與家人到那兒野餐，途中離奇失蹤，至今屍體

④北美印第安民族之一，現今大多居住於美國奧克拉荷馬州東北部。

仍下落不明。

我問麥克卡特對潔芮．拉姬一案的看法。他沉默了片刻，然後說：「她違反了一個基本原則：絕對不要獨自登山。兩個人結伴同行，萬一迷路還可以一起想辦法，只有一個人就不行了。」潔芮也來自田納西州，而她有幾位朋友曾拜託麥克卡特到緬因州協助搜救。他基於各種原因並未前去，但他一直都在關注這件事。阿帕拉契山徑始於大煙山以南約兩百四十公里處，其中約有近一百一十五公里的路徑直穿這座國家公園。他在這裡看過許多登山客遊訪。

一九七四年三月，麥克卡特成功救出一名二十六歲的教師，當事人在大煙山健行途中走了山徑與另一條熱門步道之間的一條捷徑，結果到了一處偏遠山脊的濃密叢林。由於體力耗盡，加上降雪視線不佳，她搭了帳篷，每天消耗定量的食物與飲水。她在那裡待了五天，直到麥克卡特發現她。麥克卡特追蹤她的腳印，順著殘碎樹枝的痕跡一路找到她在山邊搭建的帳篷。他認為她停留在某處是個聰明的決定，有可能正是這點才救了她一命。當然，她也很幸運。大家都說潔芮也做了同樣聰明的決定，但她就沒這麼幸運了。

## 最後的紮營位置

二〇一六年十月，潔芮的屍體被尋獲的一年後，我從緬因州林務管理局得知她最後紮營位置的座標，於是出發前往該座森林尋找那個地點。我想親身經歷那個讓她徹底迷失方向的環境，看看她生前最後三個星期所待的地方長什麼樣子。大家都試圖勸退我，包含兩位美國海軍「生存規避抵抗和逃逸」訓練學校的教官在內，他們表現得像是我企圖經由他們的地盤進入那一區似的。「先生，你需要幫忙嗎？你迷路了嗎？」我回答：「還沒，在這裡很容易迷路嗎？」「是的，先生。你百分之百會迷路。一旦你偏離阿帕拉契山徑，就會進入一路延伸兩百二十五公里到加拿大邊境的茂密森林。」

我繞了一圈，從另一邊走上山徑，一直走到距離潔芮紮營地點近一公里的地方。我走進森林裡，潔芮也曾在這附近做過一樣的事情。我走了八十步，穿過蓊鬱的白樺樹與高及胸口的雲杉與鐵杉，然後停下腳步回頭望。從那兒完全看不到山徑：往每個方向望去的景色幾乎雷同，只有一片讓人暈頭轉向的樹林。幸好我有事先設好指南針，於是我跟著儀表朝西北方走，也就是潔芮的營地所在的方位。我很快便遇到了生長繁茂的灌木叢並跨越坍倒的枯木。一路上，我沿著斜坡走到一條溪流，翻越一小座山脊，再跨過另一條小溪，然後步上一處陡峭河岸，最後到了一座高原，那裡的樹木稀薄了些，抬頭依稀看得到一點天空。我可以理解潔芮為何寧願待在這裡，而不是奮力橫越下方那片陰暗的悲慘世界。

我來到一片空地，那兒有一座由腐爛樹枝架成的高台，還有一個木造的小型十字架。這裡是潔芮搭設帳篷的地方，也是她與世長辭之處。十字架上刻有孫子女們獻給她的悼詞。我在那兒站了一會兒，聽見深谷中的溪流聲與黑頂山雀的啁啾啼叫，除此之外是一片死寂。

我放下裝有指南針、地圖及GPS定位器的背包，走進矮樹林裡看看後面有什麼東西。我沒有走遠（應該沒有超過八十步），但往回走的時候，我卻找不到卸下行囊的位置，也不確定自己面朝哪個方向。多蠢啊！心急的我像隻無頭蒼蠅般跌跌撞撞地亂繞。走回那片空地不用一分鐘，但在那個瞬間，我感受到幾乎讓人窒息的恐懼。不論你做了多麼周全的準備，依舊無法冷靜面對腦中突然完全空白的那一刻。我絕對不想再經歷第二次。

下一章，我們將離開荒野，走進城市，在那些地方雖然迷路的可能性較低，但假如真的發生了，感覺就像在荒野迷途一樣可怕。一些城市的街道布局讓人摸不著頭緒，宛如身處茂密森林。都市設計對人們的心理影響深遠：我們將看到，容易導航的城市，也會是適宜人居的地方。

第九章

# 在城市中找路

- 都市居民的腦中地圖
- 清晰可辨的都市
- 簡潔的倫敦地鐵圖
- 代表社會足跡的期望路線
- 宛如迷宮的公共建築
- 在城市中漫步

# 都市居民的腦中地圖

近半世紀前，美國心理學家史坦利．米爾葛萊姆（Stanley Milgram）——以測試人性在多大程度上服從權威的「電擊實驗」聞名——移居巴黎，展開與此類型截然不同的一項研究。他一向好奇地方對人的行為有何影響，在那不久前更開始對「腦中地圖」——腦中的空間表徵——產生興趣。他想知道，這座城市在巴黎人的想像中是什麼樣子，以及他們的腦中地圖有多貼近現實。

米爾葛萊姆從巴黎共二十個行政區募集志願受試者，要求他們親手描繪這座城市的地圖，並畫出腦中想到的任何特徵或地標（林蔭大道、紀念碑與廣場等）。他首先注意到的是受試者描繪塞納河的方式，因為他們大多低估了河道彎曲的程度。他指出：「塞納河蜿蜒流經巴黎市區，幾乎呈現半圓狀，但巴黎人想像的河道形狀卻平緩得多，有些人還以為它直直穿越市中心。」撇開這部分的藝術渲染不說，受試者筆下的地圖令人讚嘆：鉅細靡遺、充滿意象，而且通常十分精確。每個人都畫出了自己的私房景點，整體而言，當地人眼中的巴黎「複雜精細，面貌多變，驚喜源源不絕」。

四十年後，環境心理學家涅金．米納伊（Negin Minaei）在倫敦進行了類似的實驗，但目的有些許不同：她想知道，人們的腦中地圖是否受到GPS與移動方式所影響。如同米爾葛萊姆，她給每位受試者一張白紙，請他們畫出自己眼中的倫敦。這項研究深刻洞察了倫敦人對城市地形的認識，而根據結果，他們一點也不瞭解這座城市。多數人憑想像只能畫出一部分或零碎的地圖；一些人對住家的鄰里地區瞭若指掌，但不知道所屬的社區如何通往城市的其他地方；還有一些人似乎無法在腦中產生任何地理表徵。

為什麼米納伊在倫敦的實驗結果，與米爾葛萊姆在巴黎得到的發現會有如此差異？有一部分或許可歸咎於科技的變遷：習慣使用GPS的倫敦人所畫出的地圖特別零碎（終章將回頭探討GPS對空間意識的影響）。比例尺也是一個原因：倫敦幅員廣大，因此如果不靠大眾運輸工具很難移動，而人們在巴士或地鐵上也不需要留意行進方向。然而，前述兩項研究之所以存在歧異，跟倫敦的街道設計有很大的關係：相較於巴黎與其他多數的大城市，身為遊客人數居世界之冠的這座大都會，是尋路人的噩夢。二〇〇八年，一項關於導航習慣的全球調查發現，在城市裡迷路的人數比世界其他地方都來得多。該項調查總結指出：「在倫敦，迷路無可避免。」

基於某些特點，倫敦是一個非常難以摸索的地方。這座城市歷史悠久且文化多元，由錯綜複雜的村莊網絡交織而成，格局獨特，互不相連。那裡不像紐約有一致的棋盤式設計，街道彎曲得讓人無所察覺。更糟糕的是，泰晤士河——許多倫敦人以為它從西邊的特威克納姆直直通往東邊的達特福德——的河道其實形似螞蟻行進路線般蜿蜒迂迴；它過了漢默史密斯後流向正南方，在西敏橋轉往正北，最後在道格斯島以完美的U形彎作結。「你可以畫出倫敦的地圖，但永遠無法完整想像它的樣貌。」彼得・艾克洛伊德（Peter Ackroyd）在歷久彌新的史學巨著《倫敦史》（*London: The Biography*）中如此寫道，「必須憑藉信念描繪它，而不是理性。」倫敦之所以讓人摸不透，是因為它從未經過設計；如果你無法掌握一個地方，想穿梭其中就更難了。

二〇〇五年，負責管理該市運輸系統的地方政府組織倫敦交通局，著手改善行人導航的便利性。該局委託顧問服務公司應用尋路（Applied Wayfinding）設計一系列標示，清楚標出易於閱讀的地圖及步行的距離與時間。如今倫敦市區有近兩千個指路標示，遍布於地鐵站外、街角與熱門景點（如果你近期曾造訪倫敦，可能也有看過）。它們採「前方朝上」的設計，也就是朝向行人面對的方向，因此無須費心判別何處是北邊。每個指路標示都精心設計了兩個地圖，一個是大型地圖，上頭列出許多詳細地點，並畫有一個圓圈表明步行五分鐘可達的方圓距離；另一個小型地圖上的圓圈代表步行十五分鐘可達的方圓距離，清楚呈現周圍地段通往相鄰區域的道路。這個設置可巧妙幫助人們建構腦中地圖：你可以在心中描繪一個地點的樣貌，走幾條街到下一個地點，接著再想像那裡的布局，依此類推，直到擁有充分心像後，城市就會在腦中成形。至少，理論上是如此。

## 清晰可辨的都市

都市設計領域中，可讓人輕易在腦中想像樣貌的城市，即為「清晰可辨的」（倫敦交通局的行人步道計畫名為「清晰可辨的倫敦」）。一個清晰可辨的城市讓人容易判斷方向與記憶地點，進而能輕鬆導航。城市可以、也應該採用清晰易辨的設計的這個概念，出自二十世紀的城市規畫師凱文・林區（Kevin Lynch），他對於人們感知與回應建成環境的方式很感興趣。在一九六〇年發表、針對波士頓、澤西市與洛杉磯的五年研究《城市的意象》中，林區提出都市設計必須具備五個元素，才能讓當地人建立周遭環境的清晰心像：路徑（行進路線）、邊緣（分隔不同地區的線性邊界）、行政區（城市內的不同區域）、節點（交叉點或人潮聚集處）與地標（山丘、大型建築、紀念碑與樹木等）。他表示，倘若沒有這些組織原則，一個城市就會模糊難辨，讓人容易迷路，進而危害市民的生活品質：

徹底迷失方向，對生活在現代都市的多數人而言可能是相當少見的經驗。我們靠其他人的存在與特殊尋路裝置來找路，如地圖、街道編號、路線標示與公車站牌等。萬一哪天不幸迷路，我們在驚慌失措之下才恍然發現，導航的能力與平衡感和健康是多麼密不可分。在都市設計的領域中，「迷失」一詞代表的遠遠不只是地理上的不確定性，還寓含「大難臨頭」之意。

林區所著的《城市的意象》在約翰．歐基夫與強納森．多斯特羅夫斯基從老鼠大腦中發現位置細胞的十年前就已經出版，但它準確預示了認知地圖的神經科學研究。我們現在知道，幫助我們保持方向感的空間神經元，在運作上仰賴林區提出的五個元素。如果物質環境中缺乏路徑、邊緣、節點與地標，我們的大腦就難以描繪地圖。人類需要架構才能生活：城市的混亂無章，既會破壞我們的地域感，也會擾亂內心的平靜。

如今都市理論家與神經科學家對於哪種格局會讓城市變得宜居或令人困惑，開始有了一些想法，可惜實際設計與建造城市的規畫師似乎不怎麼重視學術研究的論點。連通性（街道互相連結的程度）至關重要。如果短短一小段路就有好幾個彎，或者路線的標示並不明確，人們的大腦就會難以串聯不同地點的關係。

位於北倫敦的巴恩斯伯里，以高連結度的街道與線性的布局遠近馳名，這或許也是這座城市廣受遊客喜愛的原因之一（那裡恰巧也處處是優美典雅的房屋與舒適宜人的廣場）。坐落在倫敦市中心、有如迷宮般的粗獷主義住宅區巴比肯屋村，則屬於都市連通性─可辨性光譜中的另一端（但這無損其象徵地位，它跟巴恩斯伯里一樣廣受歡迎）。連通性低是許多公共住宅的一大問題：動線不足與死路太多的設計，有可能導致居民有些地方進不去，以及社交生活破碎。位於倫敦橋站的碎片大廈身為英國最高的建築物，在導航方面卻沒什麼作用，因為它聳立於倫敦的中心點，從任何方向看過去都長得一樣。相較之下，紐約市雙子星大樓——昔日的世界第一高建築——則是理想的指向線索，因為這兩座塔樓處於曼哈頓南端；不論你人在島上何處，若想往南，只需要朝它的方向走就好。正因如此，它在九一一事件中崩塌的事實，讓人走在紐約的街道巷弄裡更容易暈頭轉向。

如果一個陌生城市的街道採棋盤式設計（如同美國大多數城市），要在腦中描繪它的地圖就會容易得多，要是其網格系統與基本方位或地磁北極一致，就又更簡單了。曼哈頓正是一個絕佳的例子：條條大道均為東北—西南走向，所有街道為西北—東南向。不只人類，就連動物似乎也傾向利用網格導航。幾年前，一群鑽研空間行為的科學家在實驗中分別讓大鼠探索曼哈頓與耶路撒冷的模型二十分鐘，結果發現，牠們在前者中探索的範圍比後者（城市格局出了名地不規則）來得大。

棋盤式布局可提供超高連通性，但程度過高不見得是好事。其實曼哈頓並不如一般人想像的那樣格局分明。它的問題在於街景千篇一律：對觀光客而言，每一個交叉路口都長得很像。城市採用對齊指南針方位的棋盤式設計固然井井有條，但是當你從地鐵站出來後，只能看到熙來攘往的人群與四條互相垂直的街道，如此一路延伸消失在遠方的矩陣中，想辨別方向可不是件易事。如果沒有觸目可及的顯著地貌，你就會像走進深山一般，搞不清楚方向（儘管在城市裡，至少你還可以找人問路）。二〇〇七年，紐約交通局在數座地鐵站外的人行道上布設尋路羅盤圖像，以便行人辨認所處位置在哪一條街道上，以及從所在地點往東西南北步行一個街區後會分別到達哪一條街。這是一個理想的解決方案，但當時還在試驗階段，而且基於某種原因並未擴大實行。就這樣，紐約的都市地理學（井然有序但欠缺多樣性）繼續困擾著觀光客，倫敦也是如此，只是情況正好相反（市景多變但雜亂無章）。

一致與對稱是找路人的剋星：面對兩個看起來如出一轍的地貌，大腦的海馬迴會合理認定它們毫無二致。然而，這兩種性質極具美學吸引力，因此建築師與都市設計師頗好此道。任職於應用尋路（即負責倫敦人行道優化專案的公司）的提姆・芬德利（Tim Fendley）表示，今日的建築師與城市規畫師「依然會設計看來都一模一樣的街角，如此一來，你必然會對自己身在何處毫無頭緒」。他指出，在米爾頓凱恩斯，市中心的人行道與自行車道均採地下化，在路面下縱橫交錯。雖然這原則上是個出色的設計，但他表示：「街景都長得一樣，而且在地下也看不到任何特殊的建築，就算有建築物，外觀也平凡無奇。」那麼，在倫敦人行道優化計畫之後，他會如何從零開始設計一座城市呢？「我會讓城市變得獨特而有趣，每一棟建築外貌各異，每一個入口都有明確的標示，每一條街道也都各有特色，一些彎彎曲曲，一些綠樹成蔭，可作為找路的參考點。」換言之，他希望打造一座完全不需要尋路系統的城市。

## 簡潔的倫敦地鐵圖

在倫敦的眾多標誌性象徵之中，極少特徵像地鐵圖這樣備受居民與遊客的推崇。當初設計地鐵圖的哈利．貝克（Harry Beck）是名製圖工程師，難怪地鐵路線看來猶如電路板。從傳統角度而言，倫敦地鐵圖其實根本不算是地圖：貝克認為，比起確切的地理位置，乘客會比較想知道如何在不同地點之間移動，因此他將實際的彎曲路線拉直、放大中心點、將站與站的間距設為等長，並讓所有直線呈現水平、垂直或四十五度角的方向，以盡可能讓地鐵圖便於快速判讀。

原始的地鐵圖自一九三三年首度問世後，並無太大改變。至今它已成為倫敦的象徵，當地人也對它保護意識強烈。艾塞克斯大學心理學家麥克斯威爾．羅伯茲（Maxwell Roberts）向倫敦交通局提出另一版更能真實呈現地面景物的地鐵圖時，一名官員告訴他：「這版地鐵圖應該叫作『惡魔的地圖』才對。它邪惡地破壞了貝克那版奧妙地圖中，美好、簡潔與單純的一切。不過老實說，看到倫敦這樣被亂搞，我心裡很不舒服。」事實上，倫敦交通局握有依照實際地形繪製的地鐵圖版本，之前曾應資訊自由法的要求在二〇一四年發行。當然，那個版本看來雜亂不堪，而當局非常清楚倫敦人永遠無法接受它。

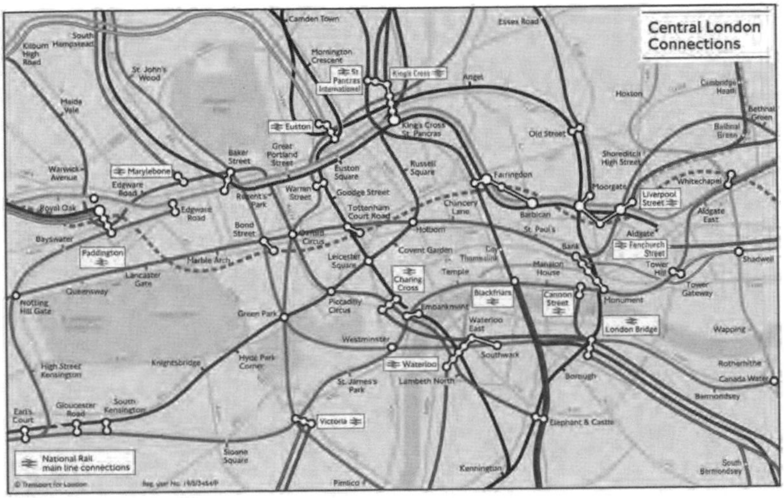


倫敦地鐵：非官方的、照實際地形繪製的地圖（上圖）
和官方地圖（下圖）。

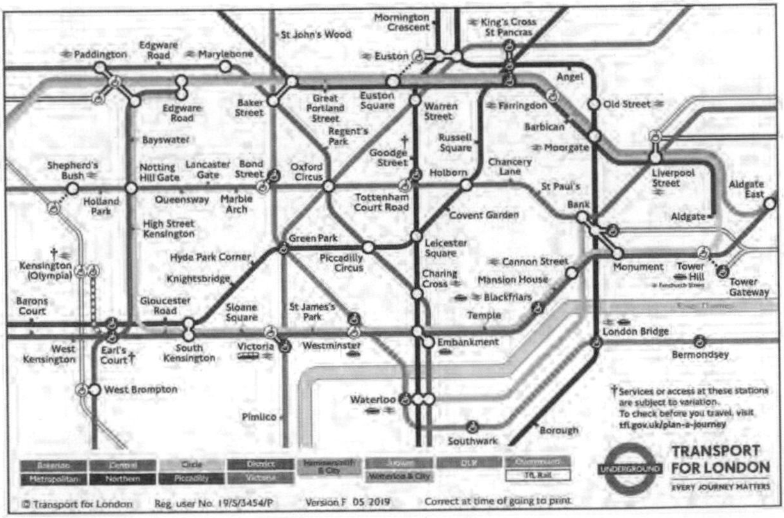

近期，倫敦交通局發布了標出站與站之間平均步行時間的行人版地鐵圖。在許多情況下，若想從某一地鐵站前往上一站或下一站，步行會比搭車還省時，而交通局希望藉此鼓勵更多民眾步行移動，以舒緩老舊基礎設施的沉重壓力。這版「步行地圖」也在無意間讓貝克當年的某些失真設計浮上檯面，譬如在原本的地鐵圖上，從皮卡迪利線的柯芬園站分別到霍本站及萊斯特廣場站的間隔相差不遠，但新版地圖所列的步行時間卻差了一倍。更引人注意的是，原始版壓縮了郊區的範圍以騰出空間將市區的站點標示清楚，譬如第三區的高門站在圖上看來距離東芬奇利站頗近，但實際上你得走二十三分鐘才能抵達。

然而，這些都無關緊要。對當地許多居民而言，地鐵圖**代表**倫敦，而且讓他們能夠在心中描繪這座難以想像的城市的模樣。貝克版的地圖即使與實際地形完全不符，但的確呈現了一些不容扭曲的真實資訊。二〇〇九年，倫敦交通局拿掉了貝克版地圖中的泰晤士河，主張這與民眾的使用方式毫無關聯。過了幾個月，在巨大的抗議聲浪下，當局將地鐵圖恢復原狀——倫敦人無法忍受城市的象徵性地圖上沒有象徵性的河流，儘管目前泰晤士河被描繪得與現實天差地遠（官方版地圖將它畫成筆直東西向，比貝克版的地鐵圖更離譜）。但別忘了，雖然這版地圖是民眾在地鐵系統中的絕佳指引，但你最好將它留在地下。倫敦交通局在推行「清晰可辨的倫敦」計畫期間發現，有百分之四十五的民眾會使用地鐵圖在地面上找路（據測是因為沒有其他更好的導航工具），而這個方法恐怕只會招致不好的下場。

傳統的城市地圖可能有助於導航，但也可能讓人迷路，因為它們並未真實反映身處一個地方的感受。如米爾葛萊姆在巴黎與米納伊在倫敦的發現，人們對周遭環境具有高度主觀意識，而這受到個人經驗與物質現實所影響。親近感會扭曲我們對空間的感知，在我們眼中，熟悉的地方會被放大。

要讓地圖能夠反映人們在一個地方的實際經驗，而不只是冷冰冰的幾何空間，是有可能的。「清晰可辨的倫敦」計畫的創辦人試圖將醒目建築的立體圖融入設計中，好讓路線標示更清楚易懂。在這方面，紐約平面設計師阿爾奇．艾杉波（Archie Archambault）進一步改造他認為與民眾腦中地圖相近的一系列城市地圖。他將這個方法稱為「示意製圖法」，先從一個城市的主要姿態著手（河流、街道布局、邊緣串聯而成的形狀），以此作為基礎。他設計的地圖省略了細節，刻意不列比例尺，並將街區畫成各種大小的圓圈，凸顯居民認為重要的地方，邊緣化其他地方。如果你習慣靠GPS找路，可能會覺得艾杉波的地圖將地理空間畫得歪七扭八，看起來就像體內的器官與血管排列奇異的怪物。然而，它們傳達了更精準的地域感。

艾杉波至今已繪製了六十多座城市的地圖，另外還包含月球與太陽系的地圖，但這幾年他遲遲不動手繪製倫敦地圖。「我不知道該如何處理這麼一座讓人困惑至極的城市。」他在二〇一六年對我說。之後，他開始與安迪．博爾頓（Andy Bolton）合作，一名曾為倫敦大英圖書館、倫敦運輸局、希斯洛機場與里約熱內盧設計地圖的倫敦人。他們聯手將倫敦的混亂地形精簡成幾條交通要道與數十個大小各異的街區泡泡，並將它們全包含在一個大圓圈裡。艾杉波與博爾頓都表示，他們在繪製過程中體會到要將倫敦視為一個有機的整體有多困難。由於難以為一座從未經過設計的城市打造一致的設計，他們甚至考慮拉直泰晤士河，但博爾頓很快就否決了這個點子。倘若少了這條蜿蜒曲折的重要象徵，倫敦就不是倫敦了。

## 代表社會足跡的期望路線

艾杉波設計的地圖呼應了許多人感受城市的方式。不靠衛星導航的時候，我們傾向

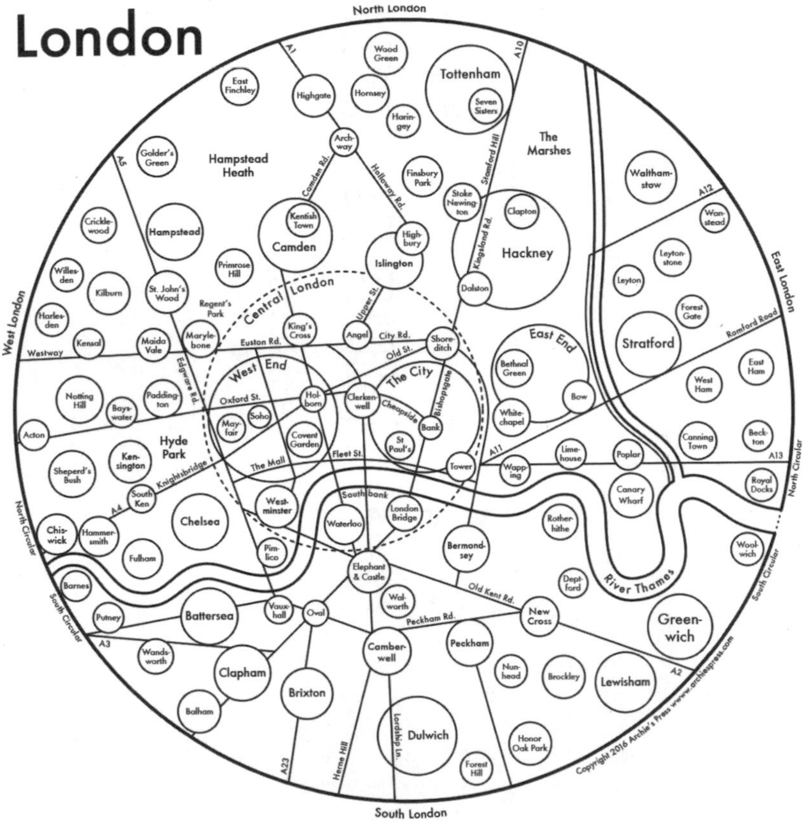


阿爾奇・艾杉波設計的倫敦「示意」圖。

透過自己的方式去感受鄰里街區，偏好自己熟悉或喜歡的路線。研究行人、摩托車騎士與小型車駕駛導航模式的研究人員發現，他們都會直覺選擇轉彎處最少或者與行進方向偏離幅度最小的路線，因為這樣的路程**感覺**比較短，即使需要花較多時間。這個策略可減少認知負荷：城市是非常複雜的環境，在裡面盡量直線移動會比較簡單。

當然，行人愛走哪條路就走哪條，而從他們的步行模式可清楚知道，一座城市的基礎架構在多大程度上符合市民的找路需求。所有定居聚落都包含「期望路線」，即人們所發現比都市規畫師設計的更有效率的移動路徑。期望路線代表著社會足跡，凸顯了集體意識的模式。羅伯特．摩爾（Robert Moor）在《行跡的探索》中提到，期望路線甚至存在於世界上最高壓專制的政權所掌管的城市裡，如北韓的平壤、緬甸的內比都及土庫曼斯坦的阿什哈巴德。他形容期望路線是「地理的塗鴉」：它們象徵「獨裁者未能預料人民需求與保衛人民欲望的失敗。對此，都市規畫師有時會企圖透過武力阻礙期望路線。但這項策略注定失敗——人民將踐踏籬笆、拔起告示牌、推倒柵欄。聰明的設計師會汲引人民的欲望作為雕塑城市的力量，而不是與之作對」。

我們需要交通需求線（desire line）及任何其他可自由運用的尋路指引，以更加熟悉與瞭解生活的城市。大腦的空間系統經過數十萬年的演化，旨在幫助我們認識這個世界。它不是專為了都市地景而生，這些環境空間有限，相同的建築比比皆是，缺乏明顯地標，而且邊界過多。更糟的是，都市會造成許多生活壓力，而這一向不力於導航。研究都市設計如何影響心理的行為神經科學家柯林・埃拉德發現，在倫敦與孟買等交通擁塞且人口稠密的地方，人們嘴上對這樣的混亂不以為意，但他們的壓力反應指數——經由皮膚電導反應與汗腺活動測得——「高到破表」。埃拉德認為，他們只是習慣隨時都處於壓力下，而且一直都有心理準備罷了。麻煩的是，「生理狀態正是影響健康的關鍵」。

城市比表面上看來還要令人沉重。憂鬱症與焦慮症等精神疾病的比例，在都市地區比其他地區多了百分之三十四，而這樣的生長環境讓人罹患精神分裂症的機率至少比其他地方高出一倍。其實，都市的生活會改變大腦的生理機制。噪音、過度刺激與飛快的生活步調只是一部分原因。更大的問題在於社交壓力：在城市裡很難建立有意義的人際關係，因此人們很容易感到孤獨。都市規畫師可以為此盡一分心力，設計宜人、可促進社交互動的公共空間——從公共衛生的角度而言，綠化程度越高越好。比起在交通繁忙的十字路口等紅綠燈，你在公園或設有步行區的廣場散步時，應該會比較願意與路人交談。如果城市的格局清楚可辨且易於找路，就會比較適宜人居，對人們的大腦也比較不會造成那麼大的壓迫。如果你知道自己要去何處，而且能享受沿途的樂趣，生活的壓力就會減輕許多。

## 宛如迷宮的公共建築

我最愛在聖詹姆士廣場的倫敦圖書館裡工作。在提供借閱服務的圖書館之中，那裡與眾不同，因為愛書人得以自由穿梭於比鄰相連、若頭尾相接可達約二十七公里長的高聳書架之間。那些書架橫跨九層樓，層與層之間以相同的鑄鐵格柵分隔；除非你特別查看平面配置圖或站在窗邊，否則很難判斷自己位於這棟建築的何處，更別說是面朝的方向了。這是個賞心悅目的地方，但如果你對自己的方向感沒什麼把握，在這裡肯定迷路。我通常會找一張隱藏在這些書架之間的桌子坐下來，而在大多數的下午，寧靜平和的氛圍中偶爾會穿插一些疲累的腳步聲，其中有些人意圖尋找法國文學的書籍，卻走到了蘇格蘭文選藏書區，一些人則是繞了好幾圈仍找不到通往出口的階梯。

在陌生建築裡尋路的難度，遠遠高於在陌生街道中導航。在建築物裡視野受限，沒有多少可供辨位的地標，移動過程中也可能需要轉上好幾個彎；你只能任由建築設計師擺布，而他們往往不會手下留情。在多層大樓裡找路的另一個問題是，大腦對垂直空間與水平空間的映射似乎並不相同，這或許可以解釋，為什麼當不同樓層的設計各異其趣，人們便容易迷路。

西雅圖中央圖書館是出了名地宛如迷宮的公共建築之一，由荷蘭建築師雷姆．庫哈斯（Rem Koolhaas）操刀設計，並於二〇〇四年落成。其建築贏得多座獎項，但標新立異的特色設計卻彆扭不實用——電梯只往上不往下，有一面坡道貫穿最頂端的四層樓，讓人看得見某處卻到不了那裡。在諾桑比亞大學從事建築與認知科學研究、曾編輯一本有關這座圖書館的書籍的露絲．道爾頓（Ruth Dalton）表示，它設法刁難想在其中移動自如的人們。這種設計讓任何人都非常難以建構整棟建築或甚至單一層樓的認知地圖。她納悶：「一棟出自如此經驗豐富的建築師之手的傑出建築，怎麼會這麼難用？」有這個疑問的人不只她一個。許多民眾也在網路論壇上提出了疑惑：

> 從建築角度而言，它超屌，但就功能性來說，它遜斃了！
>
> 我每個禮拜都會去，到現在快兩年了，但我還不知道萬一那裡失火，我要怎麼逃生。
>
> 我打死也不會想去那兒看書，但它外觀滿酷的。

西雅圖中央圖書館開幕僅幾天後，員工已必須豎立臨時指標，替訪客指路。就連一些設計師也承認，圖書館的格局不大好。負責建築內部平面設計的布魯斯．毛（Bruce Mau）後來寫道：

> 我們發現這棟建築幾乎沒有易辨性可言，這個令人心碎的事實真是諷刺。……圖書館員的臨機應變固然值得讚許，但整體而言，訪客們在建築裡不斷遭遇阻礙，完全不知道如何到達另一層樓。

在都市設計的語言中，一個地方如果容易讓人理解，就是清晰可辨的。如果一個地方與其他地方具有完整的連結（不論視覺或地理上），那麼也可說是**清楚易懂的**。你可以從一個清楚易懂的地方得知關於其他空間的許多事情，並且能夠思考要採取哪一條路線。宜家家居等超級市場樂於打造令人費解的空間，如此才能準確引導消費者前往特定的商品區。迷宮的關鍵在於令人費解又難辨；城市與公共建築應該恰恰相反，儘管其中總是存在著一些神祕與詭譎的角落。圖書館似乎遊走於這兩種尺度之間，或許是如此才能堆放大量藏書的關係。一個例外是倫敦的大英圖書館，那裡的閱覽室緊鄰廣闊的中庭；你只需要探頭一看，就知道自己處於館內的哪個位置。

大多數醫院的空間設計都不夠清楚易懂與清晰可辨，因此人在裡面很難找路——考量病患的身心狀態已十分脆弱，這是個嚴重的缺點。令人迷惘的環境會讓病患更加焦慮，尤其是年長者與難以建構認知地圖的個案：在某些醫院裡，病患不願意離開病房，因為他們害怕自己找不到路回來。對醫生而言，必須費心辨別狹長走廊與手術室也十分惱人：近期一項針對英國五所大型教學醫院的調查發現，所有受訪的實習醫生都曾在緊急出診時在院裡迷路。醫院裡的每個人都承受巨大壓力，因此尋路從一開始就是挑戰。院方期望工作人員除了善盡職責之外，也能協助為人們指引方向。一九九〇年針對美國一所醫院的研究顯示，醫療人員耗費許多時間為訪客指路，一年浪費的成本相當於二十二萬美金。

在不拆除令人煩擾的建築並重新開始的情況下，還能怎麼做？有部分可以透過科技來解決。一百五十年來，波士頓兒童醫院陸續增建了十二棟建築，而病患與醫護人員可以下載尋路應用程式，利用藍芽信標即時獲取自己在數位地圖上的位置。其他系統則利用無線網路達到類似的效果（GPS在室內訊號不佳）。另一個方法是擴增實境，可在病患行走的即時影像上疊加路線指示。這些創新科技都遭遇一個問題，那就是許多醫院病患沒有智慧型手機。

博物館與美術館也引進了智慧型手機的導航系統，其中一些空間設計就跟醫院一樣令人困惑（即使少了病痛帶來的壓力）。這麼做可能是錯的：畢竟，在這些場所，人們不會想時時刻刻都盯著手機。那裡有太多珍貴的文藝品不容錯過。

不久前，我與提姆．芬德利到特拉法加廣場前的倫敦國家美術館一遊，他正在協助重新設計該館的招牌。美術館每年有超過六百萬人造訪，遊客眾多時，館內走道水泄不通，許多人似乎都不知道該往哪個方向走。館方希望紓解人潮，鼓勵民眾參觀位於邊側的展區。作為研究的一部分，芬德利與同事們訪問了一些遊客，並請他們依據在館內漫遊的經驗描繪這棟建築在腦中的模樣。多數人都能畫出入口、連接兩個側廳的筆直長廊及一些令人印象深刻的畫作，但其他地方都記不大清楚。從許多遊客畫的地圖可看出，他們不是搞混外圍廳廊或一些用途不明的大面積空間（那些區域從未進入人們的空間記憶），就是根本沒有走進那些地方參觀。

我們走樓梯到中央大廳，然後轉進主廊，那裡擠滿了隨意瀏覽與四處閒逛的遊客。「人們一旦知道自己身在何處，應該就會有信心走到更遠的地方，去探索乏人問津的角落。」芬德利若有所思地說，「那正是我們的目的。」熱愛定向導航的他，帶著我在館內穿梭自如。

我們抵達聖恩斯伯里側廳後轉向北方，往其中一個乏人問津的角落前進。幾名日本學生正在研究五彩繽紛的平面設置圖（那也是芬德利的巧思），而他們似乎找到了要去的地方。往前經過了兩個展間後，我們在林布蘭創作的《有鬍鬚的戴帽男子》前停下腳步。這幅畫（描繪一個歷盡滄桑的老人）與其他掛在牆上的數千幅畫作很容易讓人看著看著就入神，而這正是讓人容易在美術館裡迷失方向的原因之一。行走時你能隨時保持方向感，但當你專注端詳某一幅畫，內在羅盤就會亂了套。欣賞藝術的部分樂趣在於，可以完全沉浸於藝術天地與隨心所欲地觀覽，而幾何結構相似與空間高度連通的倫敦國家美術館，也樂於滿足這樣的需求。缺點是，迷路會使人們感到焦慮，因而更有可能選擇到餐飲部吃飯休息。

如何在沉浸的藝術經驗與空間可辨性之間取得平衡？芬德利採取的其中一個辦法是，將美術館最具代表性的藝術品作為永久地標，並在樓層平面圖標出它們的位置。有許多畫作可供選擇，例如梵谷的《向日葵》、約翰・康斯塔伯的《乾草車》、保羅・委羅內塞的《戰神和維納斯》或喬治・修拉的《阿尼埃爾的浴場》。走回特拉法加廣場的路上，芬德利實地說明他的設計。回到中央走廊後，我們轉向東邊，在距離至少五片玻璃門以外的彼端，清晰可見喬治．史塔布斯的《駿馬圖》——以空白帆布為背景，以實物尺寸描繪一匹脫韁的阿拉伯野馬。這頭狂獸是東廳的永久展示品，看到牠，就能清楚知道自己的所在位置。

## 在城市中漫步

如果我們在城市中移動時，能像在美術館裡那樣緩慢隨意而行、邊走邊品味風景，該有多好。在芬得利構想的都市烏托邦裡，空間布局是如此直覺而透明，你永遠不需要靠地圖才能巡行其中，最好的選擇是悠閒地漫步。照現狀看來，我們只能將就於建築師與都市規畫師留下的格局，盡可能利用心理捷徑設法穿越都市叢林。

對多數人而言，漫遊是一種休閒方式，但對失智症患者而言，這往往是不得不做的事：他們的行走似乎是為了確認自己的存在。下一章將探討人們走到生命盡頭時，對於空間的感知有何變化，以及阿茲海默症對定向造成的毀滅性影響。我們總將空間意識與導航能力視為理所當然，直到它們出了差錯才驚覺其重要性。

# 第十章 我在這裡嗎？

- 遺失記憶與空間感的年長者
- 腦中地圖的瓦解
- 導航失能的人們
- 找尋出路的人們
- 隨意遊走的失智症患者
- 給阿茲海默症患者的找路環境
- 不是所有流浪的人都迷失方向

## 遺失記憶與空間感的年長者

一開始，每個人都找不到方向，也沒有地圖可用。我們來到這個世界時一無所知地，甚至不知道該如何探索。我們的空間機制還無法運作（位置細胞與網格細胞尚未形成），要再等數個月後，我們才有辦法移動到自己想去的任何地方。最終，我們自力更生，成為技術熟練的探索家，但到了生命的後期，我們有可能會再次失去這種能力，回到最初的原點，就像被錯放在某處、沒有地圖可循的新生兒。

迷路並非老化的必然後果（但過了六十五歲之後，空間技能會逐漸退化）。然而，這是罹患阿茲海默症後無可避免的結果——失智症的致命形式，會導致大腦各區的神經元漸漸凋零萎縮。八十五歲以上的老年人之中，約有三分之一罹患阿茲海默症。這項疾病至今仍無法醫治。

就一般人所知，阿茲海默症是一種與記憶有關的疾病，而它無疑會對記憶造成災難性影響：患者會開始忘記朋友的名字或忘了自己上一刻在做什麼，到最後除了久遠的記憶之外什麼都不記得。更重要的是，這是一種定向障礙的疾病，會緩慢切斷我們與周遭環境的連結。空間感的流逝是初期症狀之一，例如比以往更常將鑰匙放錯位置、在經常走的路徑上迷路，或者無法記憶新路線。尋找走失的阿茲海默症，對搜救隊來說是家常便飯。隨著病情惡化，患者會將「生活空間」縮得越來越小，堅持只走熟悉的路線與只去熟悉的地方，直到因為對於空間的困惑使他們難以走到房間以外的地方。最終，空間與時間互相混淆，患者通常會以為自己生活在兒時常去的一個地方。

很難想像，早上睡醒後一切都不認得的感覺有多麼令人痛苦。「情況糟的時候，我會什麼都分不清楚，感覺就像電視上的圖像開始碎裂一樣模糊不清。」溫蒂・蜜雪兒（Wendy Mitchell）在描述自身失智症歷程的《即使忘了全世界，還是愛著你》一書中寫道，「彷彿有一陣迷霧來襲，困惑與慌亂控制了我的理智，從我睜開眼後，就什麼都看不清。我在哪？」我的祖母在臨終前那段日子不斷問著：「我在這裡嗎？」而這個問題確切概括了失智症病患的感受。她想確定的不只是她人在哪裡，還想知道自己是否存在。

## 腦中地圖的瓦解

如果有需要，阿茲海默症可以證明，人類在空間中的定向與導航能力，取決於特定的認知網絡。這項疾病對大腦空間區域的影響特別嚴重，尤其是內嗅皮質、腦迴皮質與海馬迴，以及導航所需的前額葉皮質（參與決策）與尾核（負責學習路徑）等其他區塊；它對空間功能的損害不堪設想。到了最後，它會讓整個空間機制失去作用，使患者無法在偏好的導航策略失效時另尋他法。他們完全無處可去。

內嗅皮質是最先開始退化的部位，也就是網格細胞所處的區域①，阿茲海默症病患往往過了許多年才會意識到不對勁，等到出現輕微症狀時，大腦已流失了三分之一的空間神經元。仰賴網格細胞運作的導航技能（如追蹤方向與距離）會先衰退。在一項導航研究中，阿茲海默症遺傳風險高的受試者腦中的內嗅皮質很早就開始退化，他們會刻意遠離開放空間（需要網格細胞才能在其中移動自如），待在環境的邊緣處，因為他們還能靠海馬迴（邊界細胞與位置細胞的所在位置）的作用在這些地方遊走。這有可能在正常老化的情況下發生，但在阿茲海默症的案例中，出現的時間要早得多。不過，病患無法依賴海馬迴太久，因為疾病很快就會侵襲這個部位。一旦位置細胞開始消失，患者便難以建構新環境的認知地圖與回想熟悉的環境，因而無法走捷徑。最終，空間記憶會全面瓦解，而從找路到想像未來等功能也會連帶失效。

不同於其他形式的失智症，阿茲海默症早在發病前就會開始破壞大腦的空間系統，而這項發現意味著利用空間測試及早診斷或許可行。隨著新療法的問世，早期診斷將變得至關重要，因為那些療法有可能在疾病惡化之前最能發揮作用。目前如磁振造影腦部掃描等測試還無法有效偵測初期病灶，而有數名研究人員認為，透過人們在空間任務中的表現來評判，有可能遠比腦部掃描來得準確。

在劍橋大學，丹尼斯．詹（Dennis Chan）與一群神經科學家成功透過一項名為「四座山測試」（Four Mountains Test）的空間記憶測試，找出哪些阿茲海默症患者的輕度認知缺陷是這項疾病所致，而非起因於其他症狀較輕微的腦部疾病。受試者有八秒時間可記憶四座山丘矗立於崎嶇不平的曠野上的電腦成像。接著，這個影像會由四個類似的影像所取代，一個是從不同角度看原始影像，其他三個則與先前的畫面有些微差異。受試者必須找出哪一個是旋轉之後的原始影像。要達成這項任務，受試者必須記住山丘的形狀與位置，然後在腦中想像地景旋轉後的模樣，而這只有健全的海馬迴才做得到。如果是阿茲海默症患者，即使空間記憶仍能充分運作，也過著正常生活，但在這項任務中的

---

① 一些學者懷疑，人類的空間細胞或許與老鼠腦中的網格細胞和位置細胞不同，然而，它們無疑具有許多與網格細胞和位置細胞相似的特性。

表現並不好（編按：請參考本書最後的圖片頁圖一）。

目前詹的團隊也正研發一項路徑整合的測試，也就是在移動時持續追蹤所在位置的能力，而這仰賴內嗅皮質的網格細胞才能運作。由於阿茲海默症會先影響內嗅皮質，之後再侵入海馬迴，因此路徑整合的測試應該有助於醫生在比空間記憶良攝更早之前的階段就診斷疾病。詹將內嗅皮質稱為「阿茲海默症病理的發源地」。這項測試運用「讓人身歷其境的」虛擬實境技術，讓受試者戴上頭戴式耳機，在電腦創造的擬真世界裡漫遊。他們的任務是在排列成三角形的三個圓錐體之間移動。每個圓錐體在受試者經過後便會消失，而當他們到達第三個圓錐體後，必須走回記憶裡第一個圓錐體所在的位置，過程中不得借助任何視覺線索。阿茲海默症遺傳風險高的受試者在這項測試中一敗塗地。「他們表現奇差，遠遠不如那些沒有任何潛在疾病的受試者。」詹指出，「他們完全是在瞎猜［第一個圓錐體的位置］，他們根本不知道自己人在哪裡。」這群受試者的年齡介於四、五十歲，但他認為，其中那些容易罹患阿茲海默症的對象，可能之前就已顯露出路徑整合能力的缺陷了。

可靠的空間測試能比現今可行的方法至少提早十年診斷出阿茲海默症。你可能會問，這項疾病目前無藥可醫，有誰想知道自己正走向失憶的深淵？一個原因是，如果及早開始，你可以透過一些行為來延緩阿茲海默症的惡化。通常，這些是你為了保持健康會做的事情：規律運動，不抽菸，採低膽固醇飲食，大量攝取蔬菜與富含脂肪的魚類，少吃紅肉與糖分。對心臟有益的食物與習慣，對大腦應該也有幫助。

另一個方法是多多運用導航技能，放下GPS，獨自在環境中摸索方向。目前尚未證實這麼做可預防阿茲海默症，但這值得一試，有鑑於最先出現病兆的大腦區域掌管空間導航，讓這個區塊保持活躍照理來說多少會有些保護效果。「這就像體能一樣。」神經科學家維羅妮克．波波特表示，「如果你什麼都不做，肌肉就會開始萎縮。大腦也是一樣。你不動腦，那些區域就會退化。」

波波特與蒙特婁麥基爾大學的研究團隊試圖探究，為何一些帶有APOE4基因（與阿茲海默症高患病風險有關）的人有辦法到了老年依舊保有健康的大腦——包括充分運作的海馬迴與內嗅皮質在內。他們發現，那些人與眾不同的地方在於導航策略：他們採取空間導航法來找路，仰賴海馬迴與內嗅皮質以建構周遭環境的認知地圖。相較之下，那些帶有APOE4基因、腦中這兩個區域的灰質面積減少的個案之中，有許多人的病灶持續擴大，而他們在找路時都採取自我中心導航法，只走之前走過的路。

利用空間策略找路是否能降低患病機率，或者那些較有可能罹患阿茲海默症的人之所以依照固定路線找路，是否因為大腦的海馬迴與內嗅皮質早已受損，誰也說不準。儘管如此，波波特提出了證據，證明空間導航可以刺激海馬迴（如倫敦計程車司機的研究所示），而擁有強大的海馬迴對整體的認知功能有益無害。她試圖鼓勵大家多多運用自身的空間官能。「建立認知地圖需要時間。你得擁有探索的好奇心與傾向，而不是只會走自己知道的路線。這需要滿足大量的認知需求，而有些人就是不願付出心力。」她相信這樣的努力是值得的，等到數十年後，我們就會感謝過去的自己。

## 導航失能的人們

想瞭解周遭空間，就需要高度精密的認知系統；阿茲海默症的病患顯示，如果少了它，我們就會在空間裡載浮載沉。所有定向疾病都可能對患者造成極其嚴重的後果。在此同時，研究這些病患，有助於我們深入瞭解大腦如何保持方向感。

大約十年前，英屬哥倫比亞大學神經科學家朱塞佩・伊里亞（Giuseppe Iaria）遇到了一名自稱不斷迷路的病患。她不管到哪裡都會迷路，有時就連在家裡也會如此。伊里亞對她進行腦部掃描並測試認知功能，發現她在所有標準測量中的數值完全正常，大腦沒有損傷，記憶或視覺心像也運作無礙，也沒有任何神經病症。不同於阿茲海默症患者，她並未顯露絲毫病徵。她的導航硬體完好無缺，只是軟體出了極大的問題。

如今在卡加利大學從事研究的伊里亞，將這名個案的症狀命名為「發展性地形迷失」（Developmental Topographical Disorientation，DTD），並呼籲有類似情況者與他聯繫。結果他收到許多人的來訊，其中大多數為女性，雖然他不知道他們承認自己有這種毛病是感覺更難受，還是比較自在。據他估計，這些人可能占了總人口的百分之一到二。他在實驗室裡測試數百名患者的情況，發現了一個熟悉的模式：他們大腦功能正常，沒有神經疾病，記憶、感知或專注的能力也沒有缺陷，但在導航方面嚴重失能。

雖然每個人的導航能力差異甚大，但發展性地形迷失的患者無法對周遭環境、甚至自己從小就熟悉的地方產生任何心像或認知地圖。其中一些人還患有臉盲症（prosopagnosia，即無法識別臉孔），不只認不得地方，也認不出家人好友，但目前尚不清楚這兩種病症為何會同時發生。除了生活上的諸多不便之外，許多發展性地形迷失患者還必須對抗弔詭的幻覺，有時整個世界會瞬間彷彿轉了九十度，使原本朝向北方的所有事物變成朝東或朝西。在《錯把自己當老虎的人》中，作者海倫．湯姆森（Helen Thomson）描述一位女性每當開車在彎曲的道路或走在蜿蜒的長廊上，都感覺眼前的一切翻轉了四十五度。「從外表看來，你永遠不知道她看待世界的角度有什麼不對勁。」她寫道，「然而，她看見的山脈會從一個方向突然轉成另一個方向；原本認得的家也會在頃刻間全變了樣。」嚴重時，這種旋轉的症狀一小時會發作數次。

發展性地形迷失患者在事先演練與精準指示下，可以順利從甲地到達乙地，但如果途中情況產生任何一絲變化，他們便會束手無策。對他們來說，捷徑是無法想像的事情。一位不願公開表明身分的患者向我描述，她開車在位於華盛頓州的自家附近時，經常遇到的種種麻煩：

如果路上在施工，需要改道而行，我就會迷路。如果道路不通，必須改走其他條路，我也會迷路。如果我需要中途停靠某個地方幫人跑腿，即使就在我熟悉的路上，我一樣會迷失方向。如果開車到一半有重要的電話打來，必須轉進巷子裡臨停，我就完蛋了。

這個女人的空間地圖集全是空白的。由於她所有認知功能都是正常的，因此這種現象特別詭異。我透過一個專為發展性地形迷失患者開設的網路論壇聯絡上的瓊安・薛波德（Joanne Sheppard）表示，自己的方向感「既可怕又令人尷尬」，但她對非空間細節的記憶力比一般人都好。如果她與友人第二次去同一家餐廳用餐，她能夠記得上次他們吃了什麼菜、談論什麼話題、遇到的服務生是哪一位，還有從座位上望出去是什麼景色，但她完全想不起之前坐在餐廳裡的哪個位置。她說得出自己從小待到大的父母家客廳的沙發靠牆而放，但她想不起是哪一面牆或窗戶在沙發的哪個方向。在自己家中，她知道浴室位於樓梯上方，但她無法給出路線指引：「現在我在跟你說話，所以我想不起來哪一扇門是浴室！我能想像那扇門長什麼樣子，但就是想不起它在樓梯平台的哪裡。我無法在腦中想像一棟建築或一座城鎮的格局。」

伊里亞認為，這些空間失能的症狀至少有部分來自遺傳：發展性地形迷失症似乎會在家族間蔓延。他注意到，即使患者的腦部沒有結構性損傷，但其海馬迴與前額葉皮質之間的連結往往脆弱不堪：這些導航所需的區域彷彿從未學習互相溝通。由此我們可以洞察人腦如何支持導航功能的運作：不論海馬迴的空間記憶有多準確，前額葉皮質的決策運作多有效率，或腦迴皮質有多緊密地將自我中心的參考架構連結至廣大的世界，倘若這些區域未能互相合作，我們哪裡都去不了。

永遠都找不到方向這件事，對人們的生活影響甚鉅。「導航是基本技能，」伊里亞指出，「任何一個曾經迷路的人——就算只有兩秒鐘——都能告訴你，那種感覺有多沮喪。試想每天都迷路兩小時，或者一輩子都會如此，是什麼樣的感覺。」到最後，發展性地形迷失症可以改變一個人的生活：與誰來往（通常是家住附近的朋友們）、上哪所大學（直接排除地形複雜的校園）、選擇從事哪一種職業（在某些公司哪們甚至進不了面試那關）。這是一種孤立的狀況，許多患者害怕遭人嘲笑，因此祕而不宣。在網路上組成的發展性地形迷失症互助團體裡，新成員認識其他同病相憐的人時都雀躍不已。

伊里亞相信自己可以幫助這些病患改善定向技能。他設計了一項虛擬實境的導航遊戲，旨在擴伸患者發展不全的認知地圖，並引領他們認識虛擬城鎮的布局以促進腦部組織的連通性。他表示：「基本上我們採取的發展認知歷程，跟兒童養成重要定向技能的過程是一樣的，先從簡單的小地方開始，之後慢慢進展到大型環境中的地標。」

由於發展性地形迷失是永久性疾病，因此多數患者會尋找各種應對方法，但他們巴不得能擺脫這個症狀。「我無法描述我試著在沒辦法找路的情況下正常過生活，壓力有多大。」華盛頓那名女性個案對我說，「其他人都可以投注所有精力完成許多事情，而我光是找路就費盡力氣。我一直覺得自己就像大學剛畢業、第一天上班的新鮮人，努力融入在公司待了幾十年的老鳥們。我們很多人都因為這個毛病痛苦不已。我們因為找不到路而遲到，錯過了約會、失去面試機會，搞砸各種人際關係。我不笨，也不懶惰。我也沒有『不努力』或無法專心。我只是不像大多數的人那樣，腦中有羅盤可指引方向。」

## 找尋出路的人們

無論出於何種原因，發展性地形迷失症患者的腦中從來沒有那種羅盤。阿茲海默症患者的悲慘之處在於，他們過去擁有的羅盤開始失效，腦中地圖也逐漸萎縮。迷路成為他們的預設狀態，使他們迷失在一向熟悉的地方。儘管如此，許多病患選擇繼續前進，而不是待在原點。儘管沒有地圖與指南針，但他們仍想突破視野的極限，這種行為看似奇怪，但話說回來，我們在荒野中迷路時，大多也寧可繼續前進而不願留在原地等待救援，這點與他們並無太大不同。關於失智症的一個可怕真相是，沒有人會來救你。持續移動至少讓你還有選擇。

學界針對阿茲海默症患者的移動行為進行了廣泛的研究，尤其是受命尋找走失者的專家們。如第八章曾提過，阿茲海默症患者傾向沿道路直線前進，直到無路可走為止。

羅伯特·凱斯特（負責管理的國際搜救事件資料庫起初旨在收錄失智症案例）表示，他們之所以會如此，是因為空間意識崩解成了單一面向。「如果你罹患重度失智症，會始終感覺自己身在陌生的地方。你無法獲取長期記憶，也無法製造短期記憶。你經歷的現實僅限於眼前所見。你無法經歷身後的一切，因為那已不存在。你只能探索前方，而這個事實往往驅使你直往前走。」

遊蕩向來被視為失智症病理的一部分。醫生、護理人員與親屬通常會阻止病患獨自外出，擔心他們會不小心受傷或找不到路回來。「一個未罹患失智症的人出外走走，是散步、呼吸新鮮空氣或運動。」人類學家梅根·葛拉罕（Megan Graham）在近期發表的一篇論文中提出自己的觀察，「失智症患者到界限以外的範圍散步，一般稱為遊蕩、尋找出口或逃跑。」

然而，遊蕩的行為有可能不屬於失智的症狀，而是接受治療後的反應。即使失智症（尤其是阿茲海默症）會導致嚴重迷失方向，但葛拉罕表示，可以將病患的行走欲望看作是「感受生命與成長的意圖，而不是疾病與退化的產物」。許多護理人員也有同樣的看法。英國最大規模的失智症資源與研究慈善組織阿茲海默症協會認為，「遊蕩」是一種無濟於事的敘述，因為「這帶有漫無目的的意味，但患者的行走通常都有目的」。該組織列出患者不由自主想移動的幾個可能原因：他們可能一直以來都有這種習慣；可能出於無聊、煩躁或焦慮；可能是為了尋找他們記得以前在附近認識的一個地方或一個人。又或者，他們起初心中有個目標，但走著走著忘了，於是就這樣一路走下去。

他們不斷遊走，或許也是為了活著。枯坐在陌生房間裡的椅子上，背負著畫面朦朧的過去，他們不管多麼努力回想，就是記不起自己是誰。但在移動的同時，他們再次成為尋路人，做著人類最古老的行為之一，感覺一切充滿了可能。

## 隨意遊走的失智症患者

假使讓失智症患者隨意遊蕩，會發生什麼事？數年前，赫姆斯代爾（Helmsdale，蘇格蘭高地一座海濱小鎮）一個積極促進失智症患者權益的地方團體展開計畫，安排社區幾位患者穿戴GPS追蹤器，讓他們重獲確診之前的行動自由。赫姆斯代爾坐落於北海與長滿金雀花和石南的遼闊荒野之間；如果你躍躍欲試，那裡有無數的機會讓你散步與迷路。

這項計畫由安・帕斯科（Ann Pascoe）發起，一位活力充沛、講話速度極快的南非人，她的先生安德魯在二〇〇六年——五十八歲那年——確診血管型失智症（Vascular dementia）②。安從小生長在感情融洽的大家庭，她發現在英國失智症患者的家屬只能獨自面對這一切時，感到震驚不已，她說：「正是因為經歷過這段漫長、孤單的艱辛旅程，我才下定決心，不讓任何一個同路人孤苦奮鬥。」在阿茲海默症協會與普利茅斯大學失智症學者們的幫助下，她成立了一個鄉村支持網絡，促進人口高齡化的赫姆斯代爾「對失智症患者的友善程度」。

確診後，安德魯要求安不要阻止他做所有喜歡的事情。他最愛帶著相機一路慢慢走上山丘，拍下鹿群的身影，但患病之後他再也做不到了：他變得無法理解自己有可能迷路或真的迷路的能力——有次他帶鄰居家的狗到海邊散步，八小時後，他被發現人在海岸的數公里處。從那之後，他大多待在家裡，不過每當他與妻子搭火車經由凱恩戈姆山脈到愛丁堡的途中，都心神嚮往地望著那幾座山丘。

他戴上ＧＰＳ追蹤器後，一切都變了。安德魯外出時感到安心不少，因為他知道安一定都能找到他，安也可以放心讓他獨自行動，而不必掛念他的安危。安德魯的好友也是病友大衛，以前因為非常害怕迷路而足不出戶，如今重新找回了獨立與生活品質。他們穿戴的追蹤器由遠在數百公里外的英格蘭國民保健署一支遠程護理團隊所監控。如果任何一人經回報走失，系統可以定位置幾公尺內；如果他們發現自己迷路了，則可以按下追蹤器上的按鈕，立刻與接線員通話，對方會指引他們回家，或者通知護理員或當地警察。安表示，這項機制對患者本身與他們的家人來說「實在是太棒了」。

遺憾的是，提供追蹤技術的公司後來取消支援，這項計畫也隨之在二〇一七年——運作三年後——告終。安德魯再也無法替心愛的小鹿攝影，而大衛也因過度害怕而拒絕出門，重回繭居生活。他們的生活空間再次限縮，受永遠無法擺脫的疾病所禁錮。

## 給阿茲海默症患者的找路環境

阿茲海默症——以及所有失智症——的解藥，或許還要數十年才問世。在此同時，社會面臨的挑戰是，如何讓失智者的生活好過一點。打造能讓他們盡量獨立生活與到處遊歷而不會迷路的環境。在許多情況下，尤其是重度失智的案例，最合適的環境會是護理之家。

② 血管型失智症由大腦血液供應供應不足所致，原因通常是中風。

對病患而言，在最不需要搬進護理之家的時候這麼做，可能是一件痛苦的事。研究老化對導航行為有何影響的伯恩茅斯大學心理學家簡・維納（Jan Wiener）表示：「你想想，這等於是在你無法摸索新環境的情況下，從一個非常熟悉、可以自在生活的環境，搬到一個完全陌生的地方。搬離生活了四、五十甚至六十年的住處，心情已經夠糟了，再加上種種的找路障礙，你會感覺更痛苦。如果你無法熟悉新環境的地形，活動範圍就會縮小，而活動範圍的局限將影響你的健康，諸如此類。」

維納與他的團隊花了許多時間思考如何打造護理之家，以彌補居民日益衰退的空間技能。有大量研究顯示，老年人——尤其患有失智症——難以認識新環境的布局：他們的海馬迴不比以往，意即他們不再能夠維持精確的認知地圖。另一方面，他們依然能透過「自我中心」的策略認路，記得一連串的轉彎或到達特定地標時（如果它們夠特別的話）該往哪個方向走。

二〇一七年，維納的同事瑪莉・奧馬利（Mary O'Malley）探訪了英格蘭南部一所三層樓養老院的部分住戶，以瞭解他們對周遭環境的看法。該所養老院的內部與許多其他退休之家相似：設有旅館般的交誼廳與套房。所有住戶都向她表示，剛入住的第一週感覺像進到了迷宮，主要是因為——套用其中一位受訪者柯林的話——「每條走廊都長得一樣。你不知道自己在哪一條走廊或哪一層樓，要看貼在牆邊的一小塊標示才知道。」如果建築師有稍微讀過神經科學文獻，便會知道建築內部最好避免這種重複性格局，因為大腦很難分辨完全相同的地方，尤其是它們都朝向同一個方位的情況下。

為了克服這項設計缺陷，退休之家的住戶記憶門牌號碼，或尋找有記憶點的物體，例如五顏六色的地毯、一扇百葉窗、一個插有鮮花的花瓶（「貼在牆邊的一小塊標示」對他們沒有太多幫助，牆上的照片也是，大部分的住戶都覺得它們「無聊」、「冷冰冰」或「廉價與令人作嘔」，不適合當作找路的輔助工具）。住在走廊盡頭的海倫都這樣走到交誼廳：

> 我出了房門沿著走廊一直走，然後分成三個區域。先是走到轉角，然後到下一區，經過擺有花瓶的桌子，到了第三區就會看見電梯。上了電梯後一下子就到交誼廳了，因為電梯口就在休息區外面，一出去就能看到各種標示。

她宛如蜜蜂採摘花蜜般在一個個線索之間翩翩飛舞，不像一般人在不確定路徑時那樣，只要產生一絲疑惑，就急著尋找熟悉的事物。

## 不是所有流浪的人都迷失方向

由於失智症患者的空間行為通常屬於病態，因此許多護理之家試圖限制住戶的移動，擔心他們會受傷。在布萊克羅克，都柏林一處富裕郊區，愛爾蘭阿茲海默症協會經營一所日間照護與安寧療養中心，而其建築設計反映出與此截然不同的方式。它非但未加強對住戶的控制，反倒充分利用空間，並鼓勵住戶盡情探索。負責設計這所護理之家的建築師尼爾．麥克勞克林（Niall McLaughlin）並不是失智症的專家，但他花了許多時間與病患交談、觀察他們的行為，深入思考他們與環境互動的方式（編按：請參考本書最後的圖片頁中圖二）。

這所護理中心坐落於十八世紀建造的一處圍牆花園。所有房間都擁有花園的視野，交誼廳的四面八方也設有落地窗，因此室內空間充滿自然光線，毫無公家機構那種嚴肅封閉的感覺。這裡專為徒步巡遊所設計：從中心點出發，不論往哪個方向走，最後都會繞回原點。麥克勞克林表示，他希望營造出「漫步於持續性現在」的感覺。即便無法規畫要去哪裡或清楚記得曾去過的地方，住戶們在建築裡閒晃時，依然能感受到變化、感覺世界在眼前開展。

今麥克勞克林大失望所的是，如今這所護理中心並未如他預期的那樣運作。為了維護住戶安全與避免糾紛，院方禁止住戶隨意漫遊，大多時候也將通往花園的門鎖上。儘管如此，他依舊期待未來按照這些原則——至今贏得了數座建築獎項——來設計其他護理之家。他的想法與心理學界許多最新的觀點一致。阿茲海默症患者看似像隻無頭蒼蠅一樣亂走，但他們的行動可能充滿了目標。如果你還未完全瞭解這個世界，去四處探索、去尋找尚未發掘的事物，是合情合理的行為。如托爾金在《魔戒》裡提醒我們的，「不是所有流浪的人都迷失方向。」

第十一章

# 結語：路的盡頭

- 不再找路的現代人
- 刻意迷路
- 喚醒海馬迴
- 「追尋真理」的導航

## 不再找路的現代人

現代人類與世界互動的方式，與史前人類非常相似。差別在於，我們移動的範圍更廣、速度更快，還有一些聰明絕頂的導航儀器可用，但我們運用大腦以保持方向感的方式，與先人並無太大不同。我們會搜尋地標、觀察周遭環境、記憶遠處景色、建構「認知地圖」與保持空間判斷力，就像更新世（Pleistocene）靠狩獵採集為生的人們一樣。有些人遠比其他人擅長導航，這點自古皆然。

至少，在大約二〇〇〇年之前一直都是如此；從那時起，情況有了巨大的變化。現在許多人將認知的重責大任交付GPS導航工具，讓它們帶領我們到達想去的地方，而無須費神留意任何事情。只要跟著智慧型手機地圖應用程式上的藍點或依照導航系統的語音指示，就能抵達目的地，過程中完全不需要勞煩海馬迴中的位置細胞或前額葉皮質的決策迴路。你不必知道自己如何到達那裡，也不用記得任何路線。這是人類進化史上頭一遭，我們不再使用那些數萬年來維持人類生活的許多空間技能。如今，是該看看現狀將引領我們走到哪裡，以及反省自己錯過了什麼。

先從一個簡單的實驗開始。下次你要去位於陌生地區的博物館、餐廳或朋友家，試著使用手機的導航應用程式，跟隨藍點走路前往（或至少最後約一公里的路程用走的）。之後回家時，關掉手機，嘗試利用古代的方法找路。如果你跟多數人一樣，便會發現這是一件極度困難的事。由於你在去程時未能注意周遭環境，大腦沒有機會建構認知地圖或記錄轉彎的順序，因此回程時沒有腦中地圖可依循。然而，這就導航而言未必是個問題，假設你隨時都將手機帶在身上，而且有記得充電的話。

但是，對GPS的依賴，讓我們失去了許多東西。這項科技將世界變成嵌入數位裝置裡的抽象實體。為了百分之百確定自己身在何處，我們犧牲了地域感。利用GPS找路時，我們不再需要注意地形輪廓與景物的色彩、記住走過了多少個十字路口、留意地景的形狀或特徵，或者記錄自己走了多遠。我們承擔了對周遭環境漠不關心的代價，而這樣的冷漠使我們變得無知。沒有了敘述旅程的故事，我們不再是尋路人。

過去十年來有許多研究顯示，指路應用程式與衛星導航會損害空間記憶。當我們依照他們的指示移動，世界彷彿從身邊經過一般，而我們對於造訪的地方也沒有太多的印象。這些科技應用不需要我們想像或規畫旅程，或甚至查找地點；相反地，地圖的使用，讓我們不得不根據眼前的景象來確定自己的所在位置。神經科學家茱莉亞・弗蘭肯斯坦（Julia Frankenstein）描述，根據ＧＰＳ提供的一丁點空間資訊來建立認知地圖，「有點像嘗試用區區幾個音符譜出一首完整的曲子」。這麼做，充其量只能創作一小段旋律罷了。

空間記憶枯竭，對導航造成的後果可想而知。在第九章提過涅金．米納伊對倫敦人腦中地圖的研究中，那些使用ＧＰＳ裝置的人所畫出的地圖特別零碎，因為他們不明白各個鄰里社區之間的地域關係。ＧＰＳ改變了方向感奇差者的一生，但也似乎讓其他人比過去更不擅長導航。

「利用科技來取代認知技能，勢必會對大腦造成影響。」研究具有嚴重定向問題者的神經科學家朱塞佩．伊里亞指出，「我不認為領域中的任何專家會對這一點感到意外。大腦是一個效率極高的器官。如果你一直都使用手機導航，大腦便會將原本用於建立環境表徵的資源重新分配給其他任務。這不是件好事，也不算是壞事，我也未必會對此感到恐慌。這就類似人類剛開始使用電腦與喪失寫字能力那樣。關鍵不在於決定使用手機，而是對這個決定及其影響有所覺察。如果你真的在乎能否有效率地定向與導航，就應該知道以某種方式利用ＧＰＳ會影響這項技能。」

假如你樂於讓科技扛起找路的責任，那麼在城市巷弄或道路中當個冷漠的導航者，或許也能安然無恙——雖然我們都聽過有人跟著衛星導航找路，最後到了海裡或開了數百里冤枉路的故事。萬一導航系統故障，也總能向人問路或查看路標。然而，若你到了人跡罕至的地方，就不大容易全身而退，因為在那種環境下走錯路有可能導致生命危險。據蘇格蘭登山委員會表示，有越來越多步行者與登山客不再學習基本的導航與地圖判讀技能，因為他們認為GPS裝置可以代勞。如果電力耗盡，它們顯然就不管用了，但更大的問題是，儘管GPS能顯示你的位置並指明通往目的地的直接路徑，但它不會判讀地形，假使你又沒有留意環境，便可能直直走向斷崖或沼澤。

## 刻意迷路

GPS的美學意涵可能與實際的功用一樣重要。我們無法不知不覺地在世界中移動，也無法不受知識的缺乏所影響。在特定地點的回憶，是關於身處該地有何感受的敘述，而當我們無所察覺地經過，就錯失了建立深厚理解與豐富記憶的機會。如認知神經科學家柯林．埃拉德在《心之所在：日常生活中的心理地理學》（*Places of the Heart*）中寫道，世上不存在「對現實未經思慮的原始經驗」。低頭盯著螢幕上藍點的同時，我們也錯過了與他人互動的機會。尋路在本質上是一種社交活動；不論利用地圖、衛星導航、當地路標找路或口頭問路，我們都仰賴他人的知識。問路是認識地域文化的一個好方法，但如果我們都依賴智慧型手機，就不大可能有這種機會。某個研究團隊就行動科技對真實世界互動造成的影響得出的結論是：「人們在網路上建立連結，但在社交上彼此疏離。」

GPS帶來了永遠不會迷路的可能性。有些人覺得這一點極具吸引力，但事實可能不如他們所想像。倘若我們永遠生活在地理的必然性之中，便會失去一部分的自己，失去某種成長的可能性。如蕾貝卡．索爾尼特在《實地迷路指南》——她對於必然與未知的沉思——寫道：「永遠不迷路，不是真正地活著，不知道如何迷路，會讓你走向毀滅，未知的土地蘊藏著探索的生活。」接著她引述亨利．大衛．梭羅（Henry David Thoreau）的文字，這位作家曾在沃爾登塘湖畔的小屋住了兩年，試圖「刻意」過真正的生活，「吸取生活的所有精髓」。他說：「直到迷失或甚至失去整個世界了，我們才能開始找到自己，瞭解自己身在何方，領悟自己與大自然的無限關聯。」

我們距離杜絕迷途可能性的世界還有一段路要走。儘管如此，一些人竭盡全力地待在未知的土地上，敞開胸懷迎接無限的可能性。現代的城市漫遊者與心理地理學家的目標是恣意遊走，不設目的地，也不帶地圖或手機。一個常見的方式為「規則系統法行走」，即依照預先設定的一連串指示步行，例如在第一個交叉路口左轉、到第二個交叉路口右轉，然後在第三個路口左轉等等，看看最後會走到哪裡。

這個主題有無窮的變化。以身處荒野的心境抒發聞名的羅伯特・麥克法蘭（Robert Macfarlane）建議，拿一個玻璃杯口朝下方地蓋在所屬城市的街道圖上，沿著杯緣描出一個圓圈，然後出門實地探索圓圈的範圍，盡量沿著圓弧行走（GPS應用程式絕對不會建議你走彎路）。比起單純步行探索，身為心理學家與心理地理學家，同時也是步行激進團體漫遊者抵抗運動（Loiterers Resistance Movement）共同創辦人的亞歷山卓・布里傑（Alexander Bridger），更喜歡依照不同城市的地圖在城鎮裡導航。這需要一些想像力，而且想必會讓人走沒多久就迷路。

一些心理地理學家會避免使用任何導航輔助工具。步行探索運動的知名學者蒂娜・理查森（Tina Richardson）如此建議：「把地圖丟到垃圾桶。走到最近的公車站，坐上等到的第一班公車。感覺離家夠遠、到達陌生的地區時就下車，然後從那裡開始步行探索周遭環境。」如果你覺得這個方法太落伍，可以考慮使用「機緣巧合應用程式」來抵抗完全依照GPS指示行動的習慣，巧妙讓自己在城市中迷路。一旦你明白了為何需要下載一個應用程式來推翻那些盜取你的自由的應用程式，就能享受順應周遭環境而探索的樂趣。這類熱門的應用程式包含「偶然產生器」（Serendipitor），一個可以讓你意外繞道而行的導航工具；旨在讓你在熟悉環境中迷路的「遊蕩」（Drift）；還有「漂移衍生」（Dérive），其每三分鐘就會指定一項任務，旨在促使你離開習慣走的路線與隨機探索。例如：「尋找讓你感到不安的道路，沿著它走一會兒」、「往距離最近的水域移動數百公尺」或「跟隨某個身上帶有相機的人，直到他／她拍照為止」。這些應用程式的目的是讓你在尋找其他事物時，能夠發現某件重要的事，而這也是所有漫遊者的心之所向。

當你習慣了導航的確切性後，便會難以擁抱這種樂趣。二〇一一年，電腦科學家班・柯爾曼（Ben Kirman）發明了「迷路機器人」（GetLostBot），這套應用程式能追蹤你去過的地方，並在移動路徑過於容易預測時指引你走上別條路①。例如，假使你每天午餐都去同一間餐館吃，它就會引導你往另一間餐館的方向走，但不會告訴你要去哪裡。這個設計理念受到媒體廣泛報導，並吸引數百名自詡為探索家的人士下載，但數星期過後，柯爾曼發現只有一小部分的用戶達成應用程式指派的任務。看來，這些人並不喜歡有人提醒自己的生活重複性有多高，或者他們認為要做出改變太過困難。一名用戶抱怨，這套應用程式叫他不要每週日上教堂禮拜，而是改去附近的一間清真寺。他認為這是軟體的程式錯誤所致。

許多標準導航應用程式的問題在於功能太過良好。它們讓導航這件事變得毫不費力，確保我們能夠像瞬間移動般順利抵達目的地。倘若它們具備「漂移衍生」與「迷路機器人」等應用程式的機緣性，或者能帶來眼前所見以外的觀點（譬如提供關於地標與地點、建築與歷史或附近景點距離等資訊，或者顯示俯瞰的視野以擴大自我中心的參考座標），無疑可促進導航經驗。如此一來，我們就能看得越多，記得越多，**感受越多**——而且依然能準時抵達目的地。

## 喚醒海馬迴

一些科學家擔心，GPS對認知健康造成的威脅更甚於我們原本理解的程度，而這個觀點實際上並不如聽起來那樣讓人難以接受。我們已經知道，運用空間導航法（建構腦中地圖）找路的人，大腦海馬迴區域的灰質面積比使用較為被動、以自我為中心的導

① 這套應用程式已下架。

航法來得多（意即具有更多神經元或神經連結）。這一點也不令人意外，因為他們的海馬迴更常運作。我們也知道，海馬迴灰質面積較少的人，到了老年罹患失智症與產生其他認知問題的風險較高——健全的海馬迴與健康的認知相輔相成。這未必意味著，無時無刻依賴衛星導航系統（絕對被動的導航法）與棄用海馬迴，會使人容易認知衰退，但也不代表不使用智慧型手機就能預防失智症。目前尚無相關研究得出定論，而若想確保實驗的有效性，學者們也需要追蹤受試者數十年之久。儘管如此，這種觀點仍有可能屬實。

許多這類研究發現均來自蒙特婁麥基爾大學格拉斯心理健康研究所一間實驗室，其負責人為維羅妮克．波波特，也就是上一章提過試圖研究APOE4基因的神經科學家。一直以來，波波特致力於探究導航方式與認知健康之間的關聯，以克服現代最急迫的醫學挑戰之一：如何降低罹患失智症的風險。她論述研究時給人的印象是，她彷彿正在執行一項刻不容緩的任務，如果克服了挑戰，將能防止慘烈的悲劇發生。她或許是對的，儘管令人難以置信的是，她在籌募研究資金時遭遇重重困難。

過去十年來，波波特監測了數百名健康狀態各異的志願受試者的腦部結構、神經活動、尋路習性與認知表現。雖然仍有許多問題待解，但研究結果讓她確信，依賴GPS而未能留意周遭環境的行為，會使海馬迴短路，而這個腦部區域不只掌管導航與空間技能，也主導情節記憶與其他重要的認知功能。她表示，對科技的依賴會使人採取尾核負責的自動回應策略，讓人們變得像機器人一樣。「人類的未來取決於我們超越這種機械式行為的能力。」

在研究中，波波特設計了一項訓練計畫，幫助人們促進海馬迴的效能。她建議大家多觀察周遭環境、找路時運用導航法，盡量少依賴GPS（如果你非用它不可，可嘗試記住去程的路線，並在回程時關掉導航裝置）。她也提倡正念、運動與地中海飲食。她承認，練習建構腦中地圖不是一件容易的事，但值得去做。其他研究也顯示，經常練習空間導航，有助於避免海馬迴隨年齡增長而退化。專心導航不只能喚醒海馬迴，也是活化海馬迴最有效的方法之一。

## 「追尋真理」的導航

在幾乎所有人類進化史中，我們投注了大量的認知資源以認識周遭空間與摸索如何融入其中。我在哪裡？屬於何處？要去何方？如何到達那裡？這些都是存在與生存的原始問題。為了解答這些問題，史前人類發展強大的記憶系統以在陌生土地上展開數百公里的旅程。我們從一開始就在運用這些能力。如今，我們是否已準備好捨棄它們，將尋路的責任交給科技以一勞永逸？這是每一個擁有智慧型手機的人都應該慎重思考的問題，因為儘管GPS能帶領我們到達想去的地方，但它無法幫助我們找出這些決定性存在問題的答案。

在《天空之歌》（*Song of the Sky*），二十世紀中期的飛行員蓋伊・莫奇（Guy Murchie）形容導航是「追尋真理」。他在乎地理環境的真相，關心移動的位置與距離：在採用航空六分儀、偏航計與精確紀錄的年代，領航員需要知道所有可得的資訊才能追蹤航行足跡，以確定行進方向。然而，如果我們全心投入，也能在導航過程覺察其他真相：在某個地方創造生動經歷，並且確知自己身在該處。這些真相亙古不變，而它們之於我們，就如同它們之於第一批尋路人那樣重要。這段旅程依然有其必要。世界仍在那裡等著我們去探索，而我們需要找到一條正確的途徑。

# 鳴謝

感謝本書提及的所有研究人員，尤其是保羅・杜千科、凱特・傑佛瑞、羅迪・格里夫斯、雨果・史畢爾與尼可拉斯・舒克；謝謝所有為本書付出寶貴時間的搜救社群人士，在此特別感謝安德魯・勒斯科姆、奈吉爾・艾許、我的姑姑茱莉葉特・阿特金、彼特・羅伯茲與戴維・柏金斯；以及帕特・馬隆、瑞克・史特勞德、蘿娜・哈特曼、彼得・麥諾頓、安迪・博爾頓、賽門・李、莉茲・埃爾斯、貝卡・佛格、馬修・朱德、彼得・曼德諾及一路上幫助過我的許多貴人。非常感謝阿倫・安德森與理查・沃爾曼在我寫作初期提供機會與指導。我與拉維・米爾尚達尼及皮卡多出版的其他工作人員合作非常愉快，在此也向他們致意，尤其是尼可拉斯・布雷克、安薩・坎卡塔克、魯沙尼・穆札尼與艾莉絲．杜溫，最重要的還有我的編輯尼克．亨弗瑞。倘若沒有我的經紀人——任職 A. M. Heath 的比爾．漢彌爾頓——這本書不可能誕生。最後，我要感謝愛妻潔西卡，幸好有她的陪伴與支持，否則我肯定會在一片黑暗的文字森林裡迷途。

# 注解

## 第一章：第一批找路人

1. 考古證據顯示，在距今十八萬年至七萬五千年前的期間，現代人類數次遷徙至歐亞大陸，但這些早期探險者未能落地生根。Serena Tucci and Joshua M. Akey (2017), 'Population genetics: a map of human wanderlust', *Nature* 538, pp. 179–80; Chris Stringer and Julia Galway-Witham (2018), 'When did modern humans leave Africa?', *Science* 359(6374), pp. 389–90.
2. 關於現存少數狩獵採集社會的研究顯示，與核心家庭群體以外的人們（即非親屬）建立關係可帶來好處，例如傳播科技創新、社會規範與自然資源的知識。見A. B. Migliano et al. (2017), 'Characterization of hunter-gatherer networks and implications for cumulative culture', *Nature Human Behaviour* 1: 0043.
3. 如欲深入瞭解「社會腦」的演化，可見John Gowlett, Clive Gamble, and Robin Dunbar (2012), 'Human evolution and the archaeology of the social brain', *Current Anthropology* 53(6), pp. 693–722.
4. J. Feblot-Augustin (1999), 'La mobilité des groupes paléolithiques', *Bulletins et Mémoires de la Société d'anthropologie de Paris* 11(3), pp. 219–60.
5. 如欲認識她在此領域的作品，可見Ariane Burke (2012), 'Spatial abilities, cognition and the pattern of Neanderthal and modern human dispersals', *Quaternary International* 247, pp. 230–5.
6. Kim Hill and A. Magdalena Hurtado, *Ache Life History: The ecology and demography of a foraging people* (Aldine de Gruyter, 1996); Louis Liebenberg,

*The Origin of Science: The evolutionary roots of scientific reasoning and its implications for citizen science* (Cybertracker, 2013).

7. 在現代的狩獵採集族群中，迷路依然是人們的主要死因，如阿奇族、希維族、分布於南美雨林的屈瑪內族與卡拉哈里沙漠的坤族人。參考書目見 Benjamin C. Trumble (2016), 'No sex or age difference in dead-reckoning ability among Tsimane forager-horticulturalists', *Human Nature* 27, pp. 51–67.
8. Thomas Wynn, Karenleigh A. Overmann, Frederick L. Coolidge and Klint Janulis (2017), 'Bootstrapping Ordinal Thinking', in Thomas Wynn and Frederick L. Coolidge, eds, *Cognitive Models in Palaeolithic Archaeology* (OUP, 2017), chapter 9.
9. Richard Irving Dodge, *Our wild Indians: thirty-three years' personal experience among the red men of the great West. A popular account of their social life, religion, habits, traits, customs, exploits, etc. With thrilling adventures and experiences on the great plains and in the mountains of our wide frontier* (A. D. Worthington, 1882), chapter XLIII.
10. Harold Gatty, *Finding Your Way Without Map or Compass* (Dover, 1999), pp. 51–2.
11. 見Margaret Gelling and Ann Cole, *The Landscape of Place-Names* (Shaun Tyas, 2000).
12. Michael Witzel (2006), 'Early loan words in western Central Asia', in Victor H. Mair, ed., *Contact and Exchange in the Ancient World* (University of Hawaii Press, 2006), chapter 6.
13. Robert Macfarlane, *Landmarks* (Hamish Hamilton, 2015), pp. 19–20.
14. G. F. Lyon, *The Private Journal of Captain G. G. Lyon, of H. M. S. Hecla, during the Recent Voyage of Discovery under Captain Parry* (John Murray, 1824), pp. 343–4.
15. Ludger Müller-Wille, *Gazetteer of Inuit Place Names in Nunavik* (Avataq Cultural Institute, 1987).
16. 因紐特地名有數個來源，但主要出自因紐特文化遺產信託基金會（Inuit Heritage Trust Inuit Heritage Trust）http://ihti.ca/eng/place-names/pn-index.html.
17. 這樁軼事首見於阿波塔的博士學位論文'Old Routes, New Trails: Contemporary

Inuit travel and orienting in Igloolik, Nunavut', University of Alberta, 2003, chapter 5.

18. 《因紐特路徑地圖全集》可見於http://paninuittrails.org/index.html.
19. Claudio Aporta (2009), 'The trail as home: Inuit and their pan-Arctic network of routes', *Human Ecology* 37, pp. 131–46, at p. 144.
20. John MacDonald, *The Arctic Sky: Inuit astronomy, star lore, and legend* (Royal Ontario Museum / Nunavut Research Institute, 2000), p. 163.
21. Claudio Aporta (2016), 'Markers in space and time: reflections on the nature of place names as events in the Inuit approach to the territory', in William Lovis and Robert Whallon, eds, *Marking the Land: Hunter-gatherer creation of meaning in their environment* (Routledge, 2016), chapter 4.
22. Richard Henry Geoghegan, *The Aleut Language* (United States Department of Interior, 1944), via Kevin Lynch, *The Image of the City* (MIT Press, 1960).
23. 伊莎貝爾·凱莉提出的資料彙整自個人筆記並由內華達大學（University of Nevada）的凱瑟琳·福勒（Catherine Fowler）編輯。見Catherine S. Fowler (2010), 'What's in a name: Southern Paiute place names as keys to landscape perception', in Leslie Main Johnson and Eugene S. Hunn, *Landscape Ethnoecology: Concepts of biotic and physical space* (Berghahn, 2010), chapter 11; and Catherine S. Fowler (2002), 'What's in a name? Some Southern Paiute names for Mojave Desert springs as keys to environmental perception', *Conference Proceedings: Spring-fed wetlands: important scientific and cultural resources of the intermountain region*, 2002.
24. *Marking the Land*, p. 79.
25. Knud Rasmussen, 'The Netsilik Eskimos: Social life and spiritual culture', *Report of the fifth Thule expedition 1921–24*, vol. 8, nos. 1–2 (Gyldendal, 1931), p. 71, via Kevin Lynch, *The Image of the City* (MIT Press, 1960).
26. Keith H. Basso, *Wisdom Sits in Places* (University of New Mexico Press, 1996), chapter 1. 另見Keith Basso (1988), 'Speaking with names: language and landscape among the Western Apache', *Cultural Anthropology* 3(2), pp. 99–130, at p. 112.

## 第二章：漫遊的權利

1. Edward H. Cornell and C. Donald Heth (1983), 'Report of a missing child', *Alberta Psychology* 12, pp. 5–7. 再版於Kenneth Hill, ed., *Lost Person Behavior* (Canada National Search and Rescue Secretariat, 1999), chapter 4.
2. 康乃爾與希斯的研究首度發表於Edward H. Cornell and C. Donald Heth (1996), 'Distance traveled during urban and suburban walks led by 3- to 12-year-olds: tables for search managers', *Response! The Journal of the National Association for Search and Rescue* 15, pp. 6–9. 詳細論述見Edward H. Cornell and C. Donald Heth (2006), 'Home range and the development of children's way finding', *Advances in Child Development and Behavior* 34, pp. 173–206.
3. Robert Macfarlane, *Landmarks* (Hamish Hamilton, 2015), p. 315.
4. Roger Hart, *Children's Experience of Place* (Irvington, 1979), p. 73.
5. Helen Woolley and Elizabeth Griffin (2015), 'Decreasing experiences of home range, outdoor spaces, activities and companions: changes across three generations in Sheffield in north England', *Children's Geographies* 13(6), pp. 677–91; Lia Karsten (2005), 'It all used to be better? Different generations on continuity and change in urban children's daily use of space', *Children's Geographies* 3(3), pp. 275–90; James Spilsbury (2005), ' "We don't really get to go out in the front yard" – children's home range and neighbourhood violence', *Children's Geographies* 3(1), pp. 79–99; Margrete Skår & Erling Krogh (2009), 'Changes in children's nature-based experiences near home: from spontaneous play to adult-controlled, planned and organised activities', *Children's Geographies* 7(3), pp. 339–54.
6. Ben Shaw, Ben Watson, Bjorn Frauendienst, Andrea Redecker, Tim Jones and Mayer Hillman, *Children's independent mobility: a comparative study in England and Germany, 1971–2010* (Policy Studies Institute, 2013).
7. *Childhood and Nature: A survey on changing relationships with nature across generations* (Natural England, 2009).
8. Helen Woolley and Elizabeth Griffin (2015).

9. 出自倫敦運輸局道路交通統計數據。
10. *The IKEA Play Report 2015*.
11. Office for National Statistics: Focus on violent crime and sexual offences.
12. David Finkelhor, 'Five Myths about Missing Children', *Washington Post*, 10 May 2013. 他在近期的研究印證了這個趨勢。
13. *Play Report 2010*. 由國際青少年機構「家庭、孩子與青年」（Family, Kids and Youth）、即刻調查（Research Now）與宜家家居發布。摘要請見 http://www.fairplayforchildren.org/pdf/1280152791.pdf.
14. Peter Gray, *Free to Learn: Why unleashing the instinct to play will make our children happier, more self-reliant, and better students for life* (Basic Books, 2013), p. 5.
15. Eva Neidhardt and Michael Popp (2012), 'Activity effects on path integration tasks for children in different environments', Cyrill Stachniss, Kerstin Schill and David Uttal, eds, *Proceedings of the Spatial Cognition VIII international conference*, Kloster Seeon, Germany, 2012, pp. 210–19.
16. A. Coutrot et al. (2018), 'Cities have a negative impact on navigation ability: Evidence from mass online assessment via Sea Hero Quest', presented at the Society for Neuroscience annual meeting, San Diego, 3–7 November 2018. 這種在導航表現上的城鄉差距可見於每一個國家。
17. Rachel Maiss and Susan Handy (2011), 'Bicycling and spatial knowledge in children: an exploratory study in Davis, California', *Children, Youth and Environments* 21(2), pp. 100–17.
18. E.g. Antonella Rissotto and Francesco Tonucci (2002), 'Freedom of movement and environmental knowledge in elementary school children', *Journal of Environmental Psychology* 22, pp. 65–77. 另見聖地牙哥州立大學布魯斯・阿波雅爾德（Bruce Appleyard）的研究：http://www.bruceappleyard.com.
19. Mariah G. Schug (2016), 'Geographical cues and developmental exposure: navigational style, wayfinding anxiety, and childhood experience in the Faroe Islands', *Human Nature* 27, pp. 68–81.
20. Roger Hart, *Children's Experience of Place* (Irvington, 1979), p. 63.
21. Rebecca Solnit, *A Field Guide to Getting Lost* (Viking, 2005), p. 6.

22. E.g. G. Stanley Hall (1897), 'A study of fears', *American Journal of Psychology* 8(2), pp. 147–63; Robert D. Bixler et al. (1994), 'Observed fears and discomforts among urban students on field trips to wildland areas', *Journal of Environmental Education* 26(1), pp. 24–33.
23. Kenneth Hill, 'The Psychology of Lost', in Kenneth Hill, ed., *Lost Person Behavior* (Canada National Search and Rescue Secretariat, 1999), p. 11.
24. 見Jean Piaget and Barbel Inhelder, *The Child's Conception of Space* (Routledge and Kegan Paul, 1956).
25. C. Spencer and K. Gee (2012), 'Environmental Cognition', in V. S. Ramachandran, ed., *Encyclopedia of Human Behavior* (Academic Press), pp. 46–53.
26. Roger Hart (1979), p. 115; also Ford Burles et al. (2019), 'The emergence of cognitive maps for spatial navigation in 7- to 10-year-old children', *Child Development*, https://doi.org/10.1111/cdev.13285.
27. Terence Lee (1957), 'On the relation between the school journey and social and emotional adjustment in rural infant children', *British Journal of Educational Psychology* 27, pp. 100–14.
28. Veronique D. Bohbot et al. (2012), 'Virtual navigation strategies from childhood to senescence: evidence for changes across the lifespan', *Frontiers in Aging Neuroscience* 4, article 28.
29. Roger Hart (2002), 'Containing children: some lessons on planning for play from New York City', *Environment and Urbanisation* 14, pp. 135–48.
30. 如需組織街道玩耍計畫的協助，請洽玩樂英格蘭http://www.playengland.org.uk 與戶外玩耍http://playingout.net.
31. 'Why temporary street closures for play make sense for public health'. An evaluation of Play England's Street Play Project, by the University of Bristol, 2017.
32. Jennifer Astuto and Martin Ruck (2017), 'Growing up in poverty and civic engagement: the role of kindergarten executive function and play predicting participation in 8th grade extracurricular activities', *Applied Developmental Science* 21(4), pp. 301–18.

33. A. Coutrot et al. (2018), 'Global determinants of navigation ability', *Current Biology* 28(17), pp. 2861–6.
34. Victor Gregg has published a trilogy of memoirs about his life, co-written with Rick Stroud: *Rifleman: A front-line life* (Bloomsbury, 2011), *King's Cross Kid: A London childhood* (Bloomsbury, 2013) and *Soldier, Spy: A survivor's tale* (Bloomsbury, 2016).

## 第三章：腦中地圖

1. 他們的研究發表於*Brain Research* 34 (1971), pp. 171–5. 如需更完整的報告，請見John O'Keefe and Lynn Nadel, *The Hippocampus as a Cognitive Map* (Oxford University Press, 1978).
2. Clifford Kentros et al. (1998), 'Abolition of long-term stability of new hippocampal place cell maps by NMDA receptor blockade', *Science* 280(5372), pp. 2121–6.
3. 如欲參考反方看法，請見James C.R. Whittington et al. (2019), 'The Tolman-Eichenbaum machine; unifying space and relational memory through generalisation in the hippocampal formation', BioRxiv preprint: https://www.biorxiv.org/content/10.1101/770495v1.
4. 欲深入瞭解大鼠沿牆壁遊走的傾向〔即趨觸性（thigmotaxis）〕，可見M. R. Lamprea et al. (2008), 'Thigmotactic responses in an open-field', *Brazilian Journal of Medical and Biological Research* 41, pp. 135–40.
5. Jane Jacobs, *The Death and Life of Great American Cities* (Vintage, 1961), p. 348.
6. Janos Kallai et al. (2007), 'Cognitive and affective aspects of thigmotaxis strategy in humans', *Behavioural Neuroscience* 121(1), pp. 21–30.
7. Ken Cheng (1986), 'A purely geometric module in the rat's spatial representation', *Cognition* 23(2), pp. 149–78.
8. John O'Keefe and Neil Burgess (1996), 'Geometric determinants of the place fields of hippocampal neurons', *Nature* 381, pp. 425–8.
9. 模擬定界細胞運作的這項模型由現任職於約克大學的湯姆・哈特利（Tom Hartley）、倫敦大學學院的尼爾・伯吉斯、柯林・利弗與弗朗西斯卡・卡庫其（Francesca Cacucci），以及約翰・歐基夫開發。見T. Hartley, N. Burgess, C. Lever, F. Cacucci and J. O'Keefe (2000), 'Modeling place fields in terms of the cortical inputs to the hippocampus', *Hippocampus* 10, pp. 369–79. 如欲參考更新版模型，見C. Barry, C. Lever, R. Hayman, T. Hartley, S. Burton, J. O'Keefe, K. Jeffery (2006), 'The boundary vector cell model of place cell firing and spatial memory', *Reviews in the Neurosciences* 17(1–2), pp. 71–97.

10. Colin Lever et al. (2000), 'Boundary vector cells in the subiculum of the hippocampal formation', *Journal of Neuroscience* 29(31), pp. 9771–7. 約在同一時間，梅－布里特・莫瑟與艾德華・莫瑟等其他獲得諾貝爾獎肯定的神經科學家，也在內嗅皮質——海馬迴中網格細胞的所在區域——中發現類似定界細胞的細胞。位於內嗅皮質的定界細胞稱為「邊界細胞」；其與定界細胞的主要差異是，它們只在動物非常靠近邊界時（距離十公分內）才放電，而位於下托區的定界細胞則會在動物移動至相對於邊界的各種距離與方向時放電。一所實驗室還發現了「遠離邊界細胞」的存在，這種細胞在任何地方都會放電，除非動物靠近特定邊界。其運作模式與定界細胞相反。

11. Sarah Ah Lee et al. (2017), 'Electrophysiological signatures of spatial boundaries in the human subiculum', *Journal of Neuroscience* 38(13), pp. 3265–72.

12. 它們似乎也對網格細胞的運作至關重要。近年，梅－布里特・莫瑟與挪威特隆赫姆（Trondheim）卡夫利系統神經科學研究所（Kavli Institute for Systems Neuroscience）的同事們發現，大鼠在不透明的球形封閉空間裡待上數週之後，到了開放空間時卻無法利用邊界來找路，大腦掃描也顯示網格細胞完全沒有活化跡象，這意味著，邊界（可能還有定界細胞的發育）對於可作用的網格細胞的形成非常重要。I. U. Kruge et al., 'Grid cell formation and early postnatal experience', poster presentation at the Society for Neuroscience annual meeting, San Diego, 3–7 November 2018.

13. 這些是「地標向量細胞」與「物體向量細胞」。在海馬迴中發現地標向量細胞的研究成果發表於Sachin S. Deshmukh and James J. Knierim (2013), 'Influence of local objects on hippocampal representations: Landmark Vectors and Memory', *Hippocampus* 23, pp. 253–67. 物體向量細胞則由梅－布里特・莫瑟與艾德華・莫瑟主持的實驗室於二〇一七年在大鼠腦中的內嗅皮質

（緊鄰海馬迴）所發現，作用似乎與地標向量細胞相似，會在動物移動至相對於任何顯著物體（但通常不包含牆壁或邊界）的特定距離與方向時出現反應。Øyvind Arne Høydal et al. (2019), 'Object-vector coding in the medial entorhinal cortex', *Nature* 568, pp. 400–4.

14. Barry et al. (2006).
15. 近期，凱特・傑佛瑞在倫敦大學學院的研究團隊發現了大腦中名為異顆粒腦迴皮質（dysgranular retrosplenial cortex）的區域，而位於該區的頭向細胞並不會如此運作。
16. 如欲深入瞭解大腦如何整合自體移動與外在感官資訊，見 Talfan Evans, Andrej Bicanski, Daniel Bush and Neil Burgess (2016), 'How environment and self-motion combine in neural representations of space', *Journal of Physicology* 594.22, pp. 6535–46.
17. 以大鼠為對象的實驗顯示頭向系統與地標具有緊密關聯。如果將動物移出房間，並旋轉牆上的地標物（譬如設置一張白色卡片，讓它往順時針方向旋轉九十度），則大鼠回到房間時，腦中的頭向細胞也會快速隨著地標旋轉。因此，原先在大鼠看到角度調整前的卡片時會放電的細胞，會變成在大鼠朝右九十度時放電，而原先在大鼠朝左九十度時會放電的細胞，則會變成在大鼠面向正前方時放電（見 J. P. Goodridge and J. S. Taube (1995), 'Preferential use of the landmark navigational system by head direction cells in rats', *Behavioural Neuroscience* 109, pp. 49–61）。在此情況下，大鼠腦中海馬迴的位置細胞也會改變放電的對應位置（因場域隨卡片旋轉），這意味著頭向細胞在某種程度上與位置細胞連動——居中牽線的有可能是定界細胞，其可經由頭向細胞接收方位資訊。
18. Erik Jonsson, *Inner Navigation: Why we get lost and how we find our way* (Scribner, 2002), pp. 13–15.
19. 同上，p. 15.
20. C. Zimring (1990), *The costs of confusion: Non-monetary and monetary costs of the Emory University hospital wayfinding system* (Atlanta, GA: Georgia Institute of Technology).
21. 這篇近期綜述總結了，近年來針對腦迴皮質中兩種頭向細胞，以及第三種「雙向」細胞——通常在動物朝水平方向移動時放電，而且似乎會同時記憶不同的局部參考座標——的研究發現：Jeffrey S. Taube (2017), 'New building blocks for navigation', *Nature Neuroscience* 20(2), pp. 131–3.

22. 凱特・傑佛瑞與倫敦大學學院的研究團隊提出了一種神經機制，主張其或許能解釋腦迴皮質如何分辨永久存在與容易變動的地標。Hector Page and Kate J. Jeffery (2018), 'Landmark-based updating of the head-direction system by retrosplenial cortex: A computational model', *Frontiers in Cellular Neuroscience* 12, article 191.
23. 艾莉諾・馬奎爾主持的實驗室進行了數個有關導航與腦迴皮質的研究。E.g. Stephen D. Auger, Peter Zeidman, Eleanor A. Maguire (2017), 'Efficacy of navigation may be influenced by retrosplenial cortex-mediated learning of landmark stability', *Neuropsychologia* 104, pp. 102–12.
24. 如欲參考近年針對目前發現的各類空間神經元的綜述，請見Roddy M. Grieves and Kate J. Jeffery (2017), 'The representation of space in the brain', *Behavioral Processes* 135, pp. 113–31.
25. Hugo J. Spiers et al. (2015), 'Place field repetition and purely local remapping in a multicompartment environment', *Cerebral Cortex* 25, pp. 10–25.
26. 由麥基爾大學道格拉斯醫院研究中心（Douglas Hospital Research Center）的馬克・布蘭登（Mark Brandon）率領的另一個研究團隊發現，如果有兩個相鄰但空間結構完全相同的房間，而它們的門口分別位於不同牆面，那麼動物就能夠辨別這兩個房間，例如一間的門口位於北邊的牆面，另一間門口位於南邊的牆面；此外，位置細胞對同一個房間所建構的地圖也會有些許不同，端視動物如何進入房間（譬如經由北邊或南邊的門口）。由此可知，認知地圖不只取決於空間的幾何結構，也會受到動物與環境互動的影響。此項研究在神經科學學會（Society for Neuroscience）於二〇一八年十一月三日至七日在聖地牙哥舉行的年會上發表。
27. Roddy M. Grieves et al. (2016), 'Place field repetition and spatial learning in a multicompartment environment', *Hippocampus* 26, pp. 118–34.
28. Bruce Harland et al. (2017), 'Lesions of the head direction cell system increase hippocampal place field repetition', *Current Biology* 27, pp. 1–7.
29. Paul Dudchenko, *Why People Get Lost: The psychology and neuroscience of spatial cognition* (Oxford University Press, 2010).

30. 雖然這種細胞只會在大鼠處於環境邊緣時活化，但它不可能是定向細胞（或「邊緣」細胞），因為它只在一個地點放電，而不是對應整條邊界。
31. 例如：Joshua B. Julian et al. (2018), 'Human entorhinal cortex represents visual space using a boundary-anchored grid', *Nature Neuroscience* 21, pp. 191–4.
32. 如欲參考針對網格細胞神經科學的綜述，見May-Britt Moser, David C. Rowland, and Edvard I. Moser (2015), 'Place cells, grid cells, and memory', *Cold Spring Harb Perspect Biol* 2015;7:a021808; also Grieves and Jeffery (2017).
33. Shawn S. Winter, Benjamin J. Clark and Jeffrey S. Taube (2015), 'Disruption of the head direction cell network impairs the parahippocampal grid cell signal', *Science* 347(6224), pp. 870–4.
34. 如欲深入瞭解速度細胞，請見梅－布里特・莫瑟與艾德華・莫瑟實驗室發表的論文：Emilio Kropff et al. (2015), 'Speed cells in the medial entorhinal cortex', *Nature* 523, pp. 419–24.
35. 見Howard Eichenbaum (2017), 'Time (and space) in the hippocampus', *Current Opinion in Behavioral Sciences* 17, pp. 65–70. 其他研究人員發現了內嗅皮質中的時間編碼細胞：James Heys and Daniel Dombeck (2018), 'Evidence for a subcircuit in medial entorhinal cortex representing elapsed time during immobility', *Nature Neuroscience* 21, pp. 1574–82; and Albert Tsao et al. (2018), 'Integrating time from experience in the lateral entorhinal cortex', *Nature* 561, pp. 57–62.
36. 近期有兩項研究指出人類的 $\theta$ 波振盪頻率與大鼠相似：eronique D. Bohbot et al. (2017), 'Low-frequency theta oscillations in the human hippocampus during real-world and virtual navigation', *Nature Communications* 8: 14415; and Zahra M. Aghajan et al. (2017), 'Theta oscillations in the human medial temporal lobe during real world ambulatory movement', *Current Biology* 27, pp. 3743–51.
37. Shawn S. Winter et al. (2015), 'Passive transport disrupts grid signals in the parahippocampal cortex', *Current Biology* 25, pp. 2493–2502.
38. Caswell Barry et al. (2007), 'Experience-dependent rescaling of entorhinal

grids', *Nature Neuroscience* 10(6), pp. 682–4; also Krupic et al. (2018), 'Local transformations of the hippocampal cognitive map', *Science* 359(6380), pp. 1143–6. In a room of a highly irregular shape, the patterns distort completely: Julija Krupic et al. (2015), 'Grid cell symmetry is shaped by environmental geometry', *Nature* 518, pp. 232–5.
有研究顯示人類也會如此：在相較於矩形空間的不規則形房間裡導航時，人記憶距離與位置的能力最差。Jacob L. S. Bellmund et al. (2019), 'Deforming the metric of cognitive maps distorts memory', BioRxiv preprint: https://www.biorxiv.org/content/10.1101/391201v2.

39. Caswell Barry et al. (2012), 'Grid cell firing patterns signal environmental novelty by expansion', *PNAS* 109(43), pp. 17687–92. 梅－布里特・莫瑟與艾德華・莫瑟實驗室發現網格細胞的另一個驚人之處是，其在熟悉環境中的放電模式與邊界或軸線並不如先前推測的那樣完全一致，而是具有幾度的偏差（平均七點五度）。會有這種旋轉偏移的一個可能原因是，網格模式藉此辨別外貌或幾何結構相似的環境：Tor Stensola et al. (2015), 'Shearing-induced asymmetry in entorhinal grid cells', *Nature* 518, pp. 207–12. 近期，莫瑟夫婦發現，這種網格扭曲的程度與特質取決於環境的形狀，而且會因方形、環形、三角形與不規則形的邊界而異——這進一步印證了，空間的幾何結構會深刻影響網格細胞的放電模式（此研究發表於神經科學學會在二〇一七年十一月十一日至十五日於華盛頓特區舉行的年會）。環境對網格細胞特質的影響也見於人類身上：Zoltan Nadasdy et al. (2017), 'Context-dependent spatially periodic activity in the human entorhinal cortex', *PNAS* 114(17), pp. 3516–25.
40. 雖然多數針對網格細胞的實驗都以大鼠與小鼠為對象，但有研究成功觀察到人類的網格運作模式，其在癲癇病患的腦中植入電極並監測神經活動以減緩發作症狀。
41. Kiah Hardcastle, Surya Ganguli, Lisa M. Giocomo (2015), 'Environmental boundaries as an error correction mechanism for grid cells', *Neuron* 86, pp. 1–13.
42. Caitlin S. Mallory et al. (2018), 'Grid scale drives the scale and long-term stability of place maps', *Nature Neuroscience* 21, pp. 270–82.
43. 位置細胞對網格細胞的正常運作，似乎比網格細胞對位置細胞的影響更重要。如果讓海馬迴停止運轉以抑制位置細胞的活化，網格模式便會消失，而這很可能是因為位置細胞負責對有關邊界的感官資訊（對網格細胞至關重要）進行編碼（轉譯為大腦的語言）。倘若沒有位置細胞，導航就會變成一場災難。然而，假使讓內嗅皮質停止運作以抑制網格細胞的活動，則位置細胞與導航運作並無受到多少影響。這種現象可見於幼鼠身上，牠們出生後不到幾天，腦中的位置細胞就開始運作，時間甚至早於網格細胞的發育。但有一些例外情況，譬如動物首次進入某個房間，無法借助位置細胞的記憶時；或是動物在開放空間中遊走，而附近沒有任何邊界。這時，唯一能幫助動物確知所在位置的，只有網格細胞提供的路徑整合資料了。

44. Neil Burgess, Caswell Barry and John O'Keefe (2007), 'An oscillatory interference model of grid cell firing', *Hippocampus* 17, pp. 801–12.
45. 這項認為網格細胞是不可靠度量的評估，備受卡夫利系統神經科學研究所的科學家與其他鑽研內嗅皮質的學者所爭論。
46. Guifen Chen et al. (2017), 'Absence of visual input results in the disruption of grid cell firing in the mouse', *Current Biology* 26, pp. 2335–42.
47. 我們不妨設身處地替這些實驗中的大鼠想想：看到光線突然消失、遊玩的場地出現新的大門或正在探索的空間完全變了樣，牠們會有何感覺？當然，我們不得而知，但一些神經科學家大膽提出猜測。梅－布里特·莫瑟在自稱最愛的實驗中曾無預警地改變漆黑箱子裡的光線，讓大鼠「瞬間移動」到另一個空間。在此之前，大鼠已在兩種光線情況下待過一段時間，因此記憶中已有各自對應的認知地圖。當莫瑟按下開關，大鼠的位置細胞並未立刻「重新對應地圖」，而是在兩種排列方式之間游移數秒後才確定採用新的排列方式。那對大鼠造成了什麼影響？莫瑟表示那就像你下榻一間旅館，「突然發生了某件事，例如電話響起，而你突然驚醒，以為自己在家裡，環顧四周，心想，這不是我的家，我在哪裡？然後內心徬徨不定，不知道自己究竟在家還是旅館」。換言之，大鼠會受到些微驚嚇。
48. 羅迪·格里夫斯、埃萊奧諾爾·迪韋勒（Éléonore Duvelle）、艾瑪·伍德（Emma Wood）與保羅·杜千科近期提出的一項理論主張，網格細胞可以幫助動物分辨極為相似的空間（譬如並排的箱子，就人類而言則是數個相鄰而列的相同房間）。如格里夫斯與杜千科的研究所示，動物第一次進入這種環境時，腦中的位置細胞會傾向在每個相同的空間裡重複同樣的放電模式，顯示動物無法分辨兩個空間的差異。但過了一會兒，動物會逐漸明白兩個空間有所不同。格里夫斯與同事推論，動物待在某個地方一段時間後，會透過路徑整合蒐集相關資訊，到了最後，大腦的網格細胞非但不會在每個相同的空間裡重複同樣的放電模式，反而會產生適用於整體環境的「通用」模式。之後，位置細胞便能從這種模式中獲取資訊，進而形成更一致的認知地圖。Roddy M. Grieves et al. (2017), 'Field repetition and local mapping in the hippocampus and medial entorhinal cortex', *Journal of Neurophysiology* 118(4), pp. 2378–88. 另見Francis Carpenter et al. (2015), 'Grid cells form a global representation of connected environments', *Current Biology* 25, pp. 1176–82.

49. 大鼠的位置細胞活動（認知地圖的細節），甚至會隨著在路徑終點獲得獎勵的可能性而產生變化。獲得食物的可能性越高，場域的密度就越高。Valerie L. Tryon et al. (2017), 'Hippocampal neural activity reflects the economy of choices during goal-directed navigation', *Hippocampus* 27(7), pp. 743–58. 近期研究顯示，獎勵的出現也會影響網格細胞的排列：Charlotte N. Boccara et al. (2019), 'The entorhinal cognitive map is attracted to goals', *Science* 363(6434), pp. 1443–7.
50. 例如：H. Freyja Ólafsdóttir, Francis Carpenter and Caswell Barry (2016), 'Coordinated grid and place cell replay during rest', *Nature Neuroscience* 19, pp. 792–4.
51. 大鼠在度過徹夜未眠的一晚後，腦中位置細胞的放電順序與原先截然不同：Lisa Roux et al. (2017), 'Sharp wave ripples during learning stabilize the hippocampal spatial map', *Nature Neuroscience* 20, pp. 845–53.
52. 幼鼠在出生三週後才會發生認知重演的情況，這表示牠們直到那時才會開始對遊歷過的地點產生記憶。Usman Farooq and George Dragoi (2019), 'Emergence of preconfigured and plastic time-compressed sequences in early postnatal development', *Science* 363(6423), pp. 168–73.
53. H. Freyja Ólafsdóttir et al. (2015), 'Hippocampal place cells construct reward related sequences through unexplored space', eLife 2015; 4:e06063.
54. H. Freyja Ólafsdóttir, Francis Carpenter and Caswell Barry (2017), 'Task demands predict a dynamic switch in the content of awake hippocampal replay',

*Neuron* 96, pp. 1–11.

55. 這種反應見於海馬迴的後側，前側比較容易對直線距離（即歐氏距離）產生反應。研究人員之所以能判別受試者海馬迴活化所對應的是歐氏距離還是路徑距離，是因為在蘇活區蜿蜒曲折的街道格局下，這兩種量測方式得出的結果幾乎不相關。如欲瞭解海馬迴後側與前側分別的作用，請見第四章第七點註解。

56. 這些結果發表於兩篇論文中：Lorelei R. Howard et al. (2014), 'The hippocampus and entorhinal cortex encode the path and Euclidean distances to goals during navigation', *Current Biology* 24, pp. 1331–40；以及Amir-Homayoun Javadi et al. (2017), 'Hippocampal and prefrontal processing of network topology to simulate the future', *Nature Communications* 8, pp. 146–52. 在後續研究中，雨果．史畢爾的團隊發現，人在陌生環境中導航至目的地時，海馬迴的反應最活躍；在熟悉環境中（如就讀大學的校園或居住的社區），參與導航任務的主要是腦迴皮質，而非海馬迴。這顯示海馬迴特別擅長在陌生環境中規畫或評估路線，而這些長期空間記憶儲存於大腦的其他區域，譬如腦迴皮質。Eva Zita Patai et al. (2019), 'Hippocampal and retrosplenial goal distance coding after long-term consolidation of a real-world environment', *Cerebral Cortex* 29(6), pp. 2748–58.

高度連通的街道會引發腦部活動大幅度脈衝的這項研究發現，被四十五年前針對巴黎計程車司機的一系列行為研究捷足先登。法國心理學家尚．佩胡（Jean Pailhous）花了數年調查計程車司機摸索城市街道的方法。他發現，其中最有效率的方法是在腦中描繪互相連通的街道所形成的中心網格，然後以該網格為起點，出發前往較遠的目的地。心理學與神經科學界似乎都認同，連通性是都市尋路的關鍵。Jean Pailhous, *La représentation de l'espace urbain* (Presses Universitaires de France, 1970).

57. 這項研究並未找到認知「預演」的證據：受試者在十字路口思考該轉往哪個方向時，海馬迴並未出現明顯反應。史畢爾推測，這類的問題解決行為牽涉大腦的另一個區域——前額葉皮質。

58. Albert Tsao, May-Britt Moser and Edvard I. Moser (2013), 'Traces of experience in the lateral entorhinal cortex', *Current Biology* 23, pp. 399–405.

59. Jacob M. Olson, Kanyanat Tongprasearth, Douglas A. Nitz (2017), 'Subiculum

neurons map the current axis of travel', *Nature Neuroscience* 20, pp. 170–2.

60. 見於腦迴皮質，而非海馬迴區域。Pierre-Yves Jacob et al. (2017), 'An independent, landmark-dominated head-direction signal in dysgranular retrosplenial cortex', *Nature Neuroscience* 20, pp. 173–5. 如欲參考近年有關大腦各種頭向細胞及其可能扮演的角色之討論，請見Paul Dudchenko, Emma Wood and Anna Smith (2019), 'A new perspective on the head direction cell system and spatial behavior', *Neuroscience and Biobehavioral Reviews* 105, pp. 24–33.
61. Ayelet Sarel et al. (2017), 'Vectorial representation of spatial goals in the hippocampus of bats', *Science* 355(6321), pp. 176–80.
62. Roddy M. Grieves and Kate J. Jeffery (2017), 'The representation of space in the brain', *Behavioral Processes* 135, pp. 113–31.

## 第四章：思維空間

1. 布雷克·羅斯的文章發布於：https://www.facebook.com/notes/blake-ross/aphantasia-how-it-feels-to-be-blind-in-your-mind/ 10156834777480504/.
2. 馬奎爾的團隊根據他們對這些病患的研究，發表了數篇論文。可見Sinéad L. Mullally, Helene Intraub and Eleanor A. Maguire (2012), 'Attenuated boundary extension produces a paradoxical memory advantage in amnesic patients', *Current Biology* 22, pp. 261–8; and Eleanor A. Maguire and Sinéad L. Mullally (2013), 'The hippocampus: a manifesto for change', *Journal of Experimental Psychology: General* 142(4), pp. 1180–9.
3. S. L. Mullally, H. Intraub, E. A. Maguire (2012), 'Attenuated boundary extension produces a paradoxical memory advantage in amnesic patients', *Current Biology* 22, pp. 261–8.
4. Cornelia McCormick et al. (2018), 'Mind-Wandering in People with Hippocampal Damage', *Journal of Neuroscience* 38(11), pp. 2745–54.
5. 相較之下，腹內側前額葉皮質（ventromedial prefrontal cortex）受損的病患反應正好相反。他們完全以理性角度看待這個兩難的處境，因此很快便決定犧牲一人的性命以拯救另外五人。由於無法將情緒反應與決策整合在一起，因此他們只在乎可以救多少的性命。Cornelia McCormick et al. (2016), 'Hippocampal damage increases deontological responses during moral decision making', *Journal of Neuroscience* 36(48), pp. 12157–67.

6. Eleanor A. Maguire et al. (2000), 'Navigation-related structural change in the hippocampi of taxi drivers', *PNAS* 97(8), pp. 4398–403; and Katherine Woollett and Eleanor A. Maguire (2011), 'Acquiring "the Knowledge" of London's layout drives structural brain changes', *Current Biology* 21, pp. 2109–14.
7. 雖然經驗老到的計程車司機對倫敦的街道瞭若指掌，但馬奎爾發現，他們在某些視覺空間記憶任務中的表現比平均水準來得差，例如記憶桌上的物品。部分原因可能在於，儘管他們的後側海馬迴隨導航知識增長而擴大，但前側海馬迴也同時跟著縮小。「這其實是一種容積重新分配的概念。」馬奎爾表示，「人的大腦空間有限。」（退休後，這些計程車司機腦中的兩個區域都恢復正常大小。）前側與後側海馬迴確扮演的功能至今仍並不明朗。有一說是，後側部分掌管高解析度的詳細格局，前側則負責從廣角或「綜覽」視野看待空間結構，包括物體與地點之間的關聯。欲知更多相關分析，請見L. Nadel, S. Hoscheidt and L. R. Ryan (2013), 'Spatial cognition and the hippocampus: the anterior–posterior axis', *Journal of Cognitive Neuroscience* 25, pp. 22–8; Katherine Woollett and Eleanor Maguire (2009), 'Navigational expertise may compromise anterograde associative memory', *Neuropsychologia* 47, pp. 1088–95; and Iva K. Brunec et al. (2019), 'Cognitive mapping style relates to posterior-anterior hippocampal volume ratio', *Hippocampus* (E-publication) DOI: 10.1002/hipo.23072.
8. Katherine Woollett, Janice Glensman, and Eleanor A. Maguire (2008), 'Non-spatial expertise and hippocampal gray matter volume in humans', *Hippocampus* 18, pp. 981–4.
9. Eleanor A. Maguire et al. (2003), 'Routes to remembering: the brains behind superior memory', *Nature Neuroscience* 6(1), pp. 90–5.
10. Keith H. Basso (1988), 'Speaking with Names: Language and landscape among the Western Apache', *Cultural Anthropology* 3(2), pp. 99–130.
11. D. R. Godden and A. D. Baddeley (1975), 'Context-dependent memory in two natural environments: on land and underwater', *British Journal of Psychology*

66(3), pp. 325–31.
12. Martin Dresler et al. (2017), 'Mnemonic training reshapes brain networks to support superior memory', *Neuron* 93, pp. 1227–35.
13. Joshua Foer, *Moonwalking with Einstein: The art and science of remembering everything* (Penguin, 2011).
14. Howard Eichenbaum and Neal J. Cohen (2014), 'Can we reconcile the declarative memory and spatial navigation views on hippocampal function?', *Neuron* 83, pp. 764–70.
15. ' "Viewpoints: how the hippocampus contributes to memory, navigation and cognition", a Q&A with Howard Eichenbaum and others', *Nature Neuroscience* 20, pp. 1434–47.
16. Howard Eichenbaum (2017), 'The role of the hippocampus in navigation is memory', *Journal of Neurophysiology* 117(4), pp. 1785–96.
17. György Buzsáki and Edvard I. Moser explore this idea further in György Buzsáki and Edvard Moser (2013), 'Memory, navigation and theta rhythm in the hippocampal-entorhinal system', *Nature Neuroscience* 16(2), pp. 130–8.
18. Aidan J. Horner et al. (2016), 'The role of spatial boundaries in shaping long-term event representations', *Cognition* 154, pp. 151–64.
19. Gabriel A. Radvansky, Sabine A. Krawietz and Andrea K. Tamplin (2011), 'Walking through doorways causes forgetting: further explorations', *Quarterly Journal of Experimental Psychology* 64 (8), pp. 1632–45.
20. 二〇一三年，一群美國與德國研究人員監測癲癇病患在虛擬城鎮中導航時腦中位置細胞的活動變化（他們的頭骨已植入電極，以利控制病情的發作），結果發現了關於人類記憶認知地圖理論的證據。這些病患扮演快遞員的角色，負責將物品送到各個商店，結束後，研究人員請他們回想剛才送了什麼東西。實驗發現，他們回想每一件物品時，位置細胞的放電模式與遞送過程中出現的模式極為相似。因此研究推測，受試者對於每件物品的記憶，在神經細胞的層面上「與空間背景密不可分」。Jonathan F. Miller et al. (2013), 'Neural activity in human hippocampal formation reveals the spatial context of retrieved memories', *Science* 342(6162), pp. 1111–14.
21. Aidan J. Horner et al. (2016), 'Grid-like processing of imagined navigation',

*Current Biology* 26, pp. 842–7.

22. Alexandra O. Constantinescu, Jill X. O'Reilly, Timothy E. J. Behrens (2016), 'Organizing conceptual knowledge in humans with a gridlike code', *Science* 352(6292), pp. 1464–8.
23. 這些研究結果與其他日益增長的證據都顯示，人的大腦會利用認知地圖來解決非空間與空間性的問題。二〇一八年，任職於柏林馬克斯普朗克人類發展教育研究中心（Max Planck Institute for Human Development）的尼可拉斯·舒克（Nicolas Schuck）觀察到，人類受試者在執行決策任務時，海馬迴中的神經活動呈現某種模式；受試者休息時，這些模式也會重啟——這是關於人類會利用「認知重演」來促進決策的第一個證據。Nicolas W. Schuck and Yael Niv (2019), 'Sequential replay of non-spatial task states in the human hippocampus', *Science* 364(6447), eaaw5181. 如欲深入瞭解大腦如何利用認知地圖組織知識，請見 Timothy Behrens et al. (2018), 'What is a cognitive map? Organising knowledge for flexible behaviour', *Neuron* 100(2), pp. 490–509; 另見 Stephanie Theves, Guillen Fernandez, Christian F. Doeller (2019), 'The hippocampus encodes distances in multidimensional feature space', *Current Biology* 29, pp. 1–6.
24. 人類與其他哺乳類動物大腦的左右兩側都具有海馬迴。
25. 約翰·歐基夫曾在著作中論述此語言理論：*The Hippocampus as a Cognitive Map*, written with Lynn Nadel (OUP, 1978), pp. 391–410；後於 'Vector Grammar, Places, and the Functional Role of the Spatial Prepositions in English'，其為 Emile van der Zee and Jon Slack, eds, *Representing Direction in Language and Space* (OUP, 2003) 的其中一個章節。
26. Nikola Vukovic and Yury Shtyrov (2017), 'Cortical networks for reference-frame processing are shared by language and spatial navigation systems', *NeuroImage* 161, pp. 120–33.
27. 空間和語言，以及空間概念與非空間概念的結合，似乎也可見於大腦其他區域。艾莉諾·馬奎爾的研究團隊發現，幫助我們辨別永久性地標的腦迴皮質會對描述其他永久性特徵的語句產生反應，例如始終如一的行為。見 Stephen D. Auger and Eleanor A. Maguire (2018), 'Retrosplenial cortex indexes stability beyond the spatial domain', *Journal of Neuroscience* 38(6), pp. 1472–81.

28. David B. Omer et al. (2018), 'Social place-cells in the bat hippocampus', *Science* 359(6372), pp. 218–24; Teruko Danjo, Taro Toyoizumi and Shigeyoshi Fujisawa (2018), 'Spatial representations of self and other in the hippocampus', *Science* 359(6372), pp. 213–8.
29. Rita Morais Tavares et al. (2015), 'A Map for Social Navigation in the Human Brain', *Neuron* 8, pp. 231–43. 由於功能性磁振造影只能測量血流量，因此無法得知個別神經元的活動，例如位置細胞是否正進行心理距離的編碼。
30. Dennis Kerkman et al. (2004), 'Social attitudes predict biases in geographic knowledge', *Professional Geographer* 56(2), pp. 258–69.
31. Daphne Merkin, *This Close to Happy: A Reckoning with Depression* (Farrar, Straus and Giroux, 2017), p. 112.
32. William Styron, *Darkness Visible: A memoir of madness* (Random House, 1990), p. 46.
33. 此段翻譯出自 Seamus Heaney, in Daniel Halpern, ed., *Dante's Inferno: Translations by 20 Contemporary Poets* (Ecco Press, 1993).
34. 研究人員指出，大腦的其他區域也參與空間認知的運作，例如頂葉皮質與尤其重要的前額葉皮質，這些區塊也跟海馬迴一樣會受壓力所影響。Ford Burles et al. (2014), 'Neuroticism and self-evaluation measures are related to the ability to form cognitive maps critical for spatial orientation', *Behavioural Brain Research* 271, pp. 154–9.
35. 見 Jessica K. Miller et al. (2017), 'Impairment in active navigation from trauma and Post-Traumatic Stress Disorder', *Neurobiology of Learning and Memory* 140, pp. 114–23. 如欲深入瞭解創傷性與負面事件如何使記憶變得零碎，請見 J. A. Bisby et al. (2017), 'Negative emotional content disrupts the coherence of episodic memories', *Journal of Experimental Psychology: General* 147(2), pp. 243–56.
36. 關於英國失蹤人口的統計數據，以諾森伯蘭郡（Northumberland）艾辛頓（Ashington）的搜救中心（Centre for Search Rescue，www.searchresearch.org.uk）蒐集的最為完整；最新資料發布於《英國失蹤人口行為研究》（*The UK Missing Person Behaviour Study*）(CSR, 2011)。美國與國際統計數據則彙整於國際搜救事件資料庫，收錄於 Robert J. Koester, ed., *Lost Person*

*Behavior* (dbS Productions, 2008) and Robert J. Koester, *Endangered and Vulnerable Adults and Children* (dbS Productions, 2016).

37. 《英國失蹤人口行為研究》(CSR, 2011).
38. Lisa Guenther, *Solitary Confinement: Social death and its afterlives* (University of Minnesota Press, 2013), p. xi.
39. 出自本書序言：Jean Casella, James Ridgeway, Sarah Shourd, eds, *Hell is a Very Small Place: Voices from solitary confinement* (The New Press, 2016), p. viii.
40. Guenther (2013), p. 165.
41. 數據出自單獨監禁守護組織（Solitary Watch，www.solitarywatch.com）
42. 見 https://www.un.org/apps/news/story.asp?NewsID=40097.
43. Susie Neilson, 'How to survive solitary confinement: an ex-convict on how to set your mind free', *Nautilus*, 28 January 2016；見於 http://nautil.us/issue/32/space/how-to-survive-solitary-confinement.
44. Bodleian Libraries, University of Oxford, and British Library maps collection.
45. Arthur W. Frank, *The Wounded Storyteller* (University of Chicago Press, 1995), p. 53.
46. Azadeh Jamalian, Valeria Giardino and Barbara Tversky (2013), 'Gestures for thinking', *Proceedings of the Annual Meeting of the Cognitive Science Society* 35, pp. 645–50.
47. 引述自二〇一六年五月二十七日美國心理科學學會（Association of Psychological Science）於芝加哥舉行的年會。
48. Burles et al., 2014，以及作者收到的電子郵件。
49. 倫敦大學學院與英國 McPin 基金會的心理健康專家們發起社區導航者計畫（Community Navigators Programme），幫助抑鬱症與焦慮症患者建立社會連結，以解決孤獨導致的問題：http://www.ucl.ac.uk/psychiatry/research/epidemiology/community-navigator-study.
50. John T. Cacioppo, James H. Fowler, Nicholas A. Christakis (2009), 'Alone in the crowd: the structure and spread of loneliness in a large social network', *Journal of Personality and Social Psychology* 97(6), pp. 977–91.

## 第五章：從甲地到乙地，再從乙地到甲地

1. Giuseppe Iaria et al. (2003), 'Cognitive strategies dependent on the hippocampus and caudate nucleus in human navigation: variability and change with practice', *Journal of Neuroscience* 23(13), pp. 5945–52.
2. 範例見Joost Wegman et al. (2013), 'Gray and white matter correlates of navigational abilities in humans', *Human Brain Mapping* 35(6), pp. 2561–72. Also Katherine R. Sherrill et al. (2018), 'Structural differences in hippocampal and entorhinal gray matter volume support individual differences in first person navigational ability', *Neuroscience* 380, pp. 123–31. 反面看法可見Steven M. Weisberg, Nora S. Newcombe and Anjan Chatterjee (2019), 'Everyday taxi drivers: Do better navigators have larger hippocampi?', *Cortex* 115, pp. 280–93.
3. Kyoko Konishi et al. (2016), 'APOE2 is associated with spatial navigational strategies and increased gray matter in the hippocampus', *Frontiers in Human Neuroscience* 10, article 349.
4. 波波特的團隊從正常老化的案例中找到證據，顯示空間導航法的運用，有助於防止認知衰退：Kyoko Konishi et al. (2017), 'Hippocampus-dependent spatial learning is associated with higher global cognition among healthy older adults', *Neuropsychologia* 106, pp. 310–21.
5. 海馬迴受損的信鴿可以順利飛越陸地，但是找不到窩巢，因為空間記憶系統的損傷使牠們無法在遷徙時建構生活環境的認知地圖。
6. Veronique D. Bohbot et al. (2012), 'Virtual navigation strategies from childhood to senescence: evidence for changes across the life span', *Frontiers in Aging Neuroscience* 4, article 28.
7. 關於沙漠螞蟻的路徑整合運作的大部分研究均出自行為生物學家呂迪格·維納（Rüdiger Wehner）。其中之一可見Martin Muller and Rudiger Wehner (1988), 'Path integration in desert ants, Cataglyphis fortis', *PNAS* 85, pp. 5287–90.
8. Colin Ellard, *Where Am I? Why we can find our way to the moon but get lost in the mall* (HarperCollins, 2009), p. 75. 如欲深入瞭解人類與其他動物的路徑整合機制，請見Ariane S. Etienne and Kathryn J. Jeffery (2004), 'Path integration in mammals', *Hippocampus* 14, pp. 180–92.

9. 二○一五年，任職於美國納什維爾（Nashville）范德比大學（Vanderbilt University）的提摩西・麥克納馬拉（Timothy McNamara），透過一項巧妙的虛擬實境實驗證明網格細胞之於路徑整合的重要性。他要求一群志願受試者完成一項經典的路徑整合任務：沿著一條彎曲路線跨越一塊方形圈地，到達遠處的一個地標，然後在黑暗中只憑記憶走直線回到原點。但是，中間穿插了一個意外的轉折。受試者練習幾次後，麥克納馬拉將方形圈地改成了矩形（這只有在虛擬實境中做得到）。這次，當受試者試圖憑藉腦中的路徑整合回到原點時，還未抵達目的地就停了下來。之後，麥克納馬拉縮小圈地的面積並再做一次實驗，結果受試者走過頭了還不停下來。怎麼會這樣呢？據麥克納馬拉推測，去程時，網格細胞的放電模式會隨著圈地的變形而拉長或縮短（你也許還記得，第三章曾討論過齧齒類動物的網格細胞也會出現這種古怪行為）。但在回程時，「網格的間隔在黑暗中恢復正常，因為沒有視覺輸入以維持扭曲的網格」。這項實驗清楚顯示，路徑整合的運作仰賴網格細胞以估算距離（假設人體具有網格細胞）。可參考Xiaoli Chen et al. (2015), 'Bias in human path integration is predicted by properties of grid cells', *Current Biology* 25, pp. 1771–6.
10. 如欲詳細瞭解自體移動與空間意識對路徑整合的影響，請見Talfan Evans et al. (2016), 'How environment and self-motion combine in neural representations of space', *Journal of Physiology* 594.22, pp. 6535–46.
11. 如欲瞭解尼可拉斯・朱迪斯的研究，請見其實驗室網站首頁：https://umaine.edu/vemi.
12. 如欲深入瞭解這項「功能對等」（functional equivalence）理論，請見J. M. Loomis, R. L. Klatzky and N. A. Giudice (2013), 'Representing 3D space in working memory: spatial images from vision, hearing, touch, and language', in S. Lacey, R. Lawson, eds, *Multisensory Imagery* (Springer, 2013).
13. 此範例見於N. A. Giudice (2018), 'Navigating without vision: principles of blind spatial cognition', in D. R. Montello, ed., *Handbook of Behavioral and Cognitive Geography* (Edward Elgar, 2018), chapter 15.
14. Thomas Wolbers et al. (2011), 'Modality-independent coding of spatial layout in the human brain', *Current Biology* 21, pp. 984–9.
15. 這項發現出自近期一項研究，對象是一名利用拐杖導航的先天失明個案：

他的 $\theta$ 波振盪頻率高於具有視力的人。Zahra Aghajan et al. (2017), 'Theta oscillations in the human medial temporal lobe during real-world ambulatory movement', *Current Biology* 27, pp. 3743–51.

16. 至今，基許創立的「盲人無障礙世界組織」（World Access for the Blind）已教導世界各地數百名失明兒童學會回聲定位法：https://waftb.org.
17. 未來，讓自動車得以穿梭於街道之間與閃避物體的創新科技，可望促成精密聲納定位裝置的問世，提供環境中不可見的資訊，作為比視覺更有效的輔助導航工具。見 https://elifesciences.org/articles/37841.
18. 見於 https://www.ted.com/talks/daniel_kish_how_i_use_sonar_to_navigate_the_world
19. M. R. Ekkel, R. van Lier and B. Steenbergen (2017), 'Learning to echolocate in sighted people: a correlational study on attention, working memory and spatial abilities', *Experimental Brain Research* 235, pp. 809–18.
20. 朱迪斯表示，全盲或弱視的兒童會畏縮不前，不是因為視力的殘疾（這可以透過其他方法彌補），而是因為他們受到大人的過度保護，從來沒有機會探索這個世界。
21. Stephanie A. Gagnon et al. (2014), 'Stepping into a map: initial heading direction influences spatial memory flexibility', *Cognitive Science* 38, pp. 275–302; Julia Frankenstein et al. (2012), 'Is the map in our head orientated north?', *Psychological Science* 23(2), pp. 120–5.
    各種研究表明，環境的結構（各種特徵如何形成一致）與人們探索環境的方式（譬如是否沿軸線的水平線或呈某種角度行走），都會對記憶力造成重大影響。見 Timothy P. McNamara, Bjorn Rump and Steffen Werner (2003), 'Egocentric and geocentric frames of reference in memory of large-scale space', *Psychonomic Bulletin and Review* 10(3), pp. 589–95; and Weimin Mou and Timothy P. McNamara (2002), 'Intrinsic frames of reference in spatial memory', *Journal of Experimental Psychology: Learning, Memory, and Cognition* 28(1), pp. 162–70
22. 這裡指的是地磁北極（Magnetic North Pole），即磁場在北半球垂直向下穿過地表的點位。其每年移動數公里，目前位於加拿大北部的埃爾斯米爾島（Ellesmere Island），在真北（true north）以南的數百公里處，為地表與地球自轉軸線的交會點。如果你站在真北，指北針會指向埃爾斯米爾島或地磁北極的方向。

23.「通北感」裝置由賽伯格內斯特公司（Cyborg Nest）設計：https://cyborgnest.net.

24. 負責建立倫敦尋路架構的倫敦運輸局刻意閃避這個問題，將地圖標示定為「前方朝上」而非「北方朝上」，以便使用者能輕易辨別面朝哪一條街道。這樣的設計看似可滿足多數市民與觀光客的需求，但看在習慣利用地形測量局發布的地圖來找路的鄉村人口眼裡，經常讓人摸不著頭緒。

25. 如欲瞭解這種認知扭曲，見Barbara Tversky (1992), 'Distortions in cognitive maps', *Geoforum* 23(2), pp. 131–8.

26. D. C. D. Pocock (1976), 'Some characteristics of mental maps: an empirical study', *Transactions of the Institute of British Geographers* 1 (4), pp. 493–512.

27. Daniel W. Phillips and Daniel R. Montello (2015), 'Relating local to global spatial knowledge: heuristic influence of local features on direction estimates', *Journal of Geography* 114, pp. 3–14.

## 第六章：各行其路

1. 見Toru Ishikawa and Daniel R. Montello (2006), 'Spatial knowledge acquisition from direct experience in the environment: individual differences in the development of metric knowledge and the integration of separately learned places', *Cognitive Psychology* 52, pp. 93–129; and Victor R. Schinazi et al. (2013), 'Hippocampal size predicts rapid learning of a cognitive map in humans', *Hippocampus* 23, pp. 515–28.

2. 如欲深入瞭解與地圖判讀有關的認知能力，請見Amy K. Lobben (2007), 'Navigational map reading: predicting performance and identifying relative influence of map-related abilities', *Annals of the Association of American Geographers* 97(1), pp. 64–85.

3. 某些小型空間技能，例如心像旋轉、想像紙張折疊及看著平面圖像描繪立體形狀的能力，確實息息相關——你也許擅長所有空間技能，否則就是一項都不會，而這有部分是因為它們都取決於同一組基因。事實上，小型空間能力經研究證明具有高度遺傳性：Kaili Rimfeld et al. (2017), 'Phenotypic and genetic evidence for a unifactorial structure of spatial abilities', *PNAS* 114(10), pp. 2777–82.

4. Russell A. Epstein, J. Stephen Higgins and Sharon L. Thompson-Schill (2005), 'Learning places from views: variation in scene processing as a function of experience and navigational ability', *Journal of Cognitive Neuroscience* 17(1), pp. 73–83. 二〇〇七年，約克大學的湯姆．哈特利設計了一項實驗，利用電腦成像的四座山的風景來量測人們從不同角度辨認景象的能力。在測試中表現出色的受試者大多採用空間導航法（而不是自我中心導航法），而且平均而言海馬迴面積較大。Tom Hartley and Rachel Harlow (2012), 'An association between human hippocampal volume and topographical memory in healthy young adults', *Frontiers in Human Neuroscience* 6, article 338.
   如欲瞭解換位思考與尋路能力之間的關聯，請見Mary Hegarty et al. (2006), 'Spatial abilities at different scales: Individual differences in aptitude-test performance and spatial-layout learning', *Intelligence* 34, pp. 151–76；以及Alina Nazareth et al. (2018), 'Charting the development of cognitive mapping', *Journal of Experimental Child Psychology* 170, pp. 86–106.
5. 見Steven M. Weisberg and Nora S. Newcombe (2015), 'How do (some) people make a cognitive map? Routes, places, and working memory', *Journal of Experimental Psychology: Learning, Memory, and Cognition 42*(5), 768–85; and Wen Wen, Toru Ishikawa and Takao Sato (2013), 'Individual differences in the encoding processes of egocentric and allocentric survey knowledge', *Cognitive Science* 37, pp. 176–92.
6. Schinazi et al. (2013). 另見第五章第二點註解。
7. Maddalena Boccia et al. (2017), 'Restructuring the navigational field: individual predisposition towards field independence predicts preferred navigational strategy', *Experimental Brain Research* 235(6), pp. 1741–8.
8. 近期由費城天普大學研究人員進行的一項研究指出，大範圍導航技能對於個體在STEM學科上的優異表現具有重大影響。Alina Nazareth et al. (2019), 'Beyond small-scale spatial skills: navigation skills and geoscience education', *Cognitive Research* 4:17.

9. 如欲深入瞭解早期空間發展與認知技能之間的關聯，請見Gudrun Schwarzer, Claudia Freitag and Nina Schum (2013), 'How crawling and manual object exploration are related to the mental rotation abilities of 9-month-old infants', *Frontiers in Psychology* 4, article 97; Jillian E. Lauer and Stella F. Laurenco (2016), 'Spatial processing in infancy predicts both spatial and mathematical aptitude in childhood', *Psychological Science* 27(10), pp. 1291–8; and Brian N. Verdine et al. (2017), 'Links between spatial and mathematical skills across the preschool years', *Monographs of the Society for Research in Child Development 82(1): serial number 124.*
10. 關於動作類與非動作類電玩有益於空間技能發展的證據，請見Elena Novak and Janet Tassell (2015), 'Using video game play to improve education-majors' mathematical performance: An experimental study', *Computers in Human Behavior* 53, pp. 124–30.
11. 如欲瞭解家長與教師還能透過哪些方式鼓勵孩子從事空間思考，請見Nora S. Newcombe (2016), 'Thinking spatially in the science classroom', *Current Opinion in Behavioral Sciences* 10, pp. 1–6; and Gwen Dewar, '10 tips for improving spatial skills in children and teens', in *Parenting Science*: http://www.parentingscience.com/spatial-skills.html.
12. Nora S. Newcombe and Andrea Frick (2010), 'Early education for spatial intelligence: why, what, and how', *Mind, Brain, and Education* 4(3), pp. 102–11.
13. David M. Condon et al. (2015), 'Sense of direction: general factor saturation and associations with the Big-Five traits', *Personality and Individual Differences* 86, pp. 38–43. 如欲深入瞭解焦慮、方向感與導航能力之間的關係，可參考懷俄明大學（University of Wyoming）梅瑞黛絲・邁納（Meredith Minear）的研究：www.minearlab.com.
14. Mathew A. Harris et al. (2016), 'Personality stability from age 14 to age 77 years', *Psychology and Aging* 31(8), pp. 862–74.
15. 這項計畫由德國電信公司（Deutsche Telekom）資助，葛里契爾斯公司（Glitchers）設計。合作夥伴包括英國阿茲海默症研究所（Alzheimer's Research UK）、倫敦大學學院、東安格利亞大學（University of East Anglia）與上奇廣告公司（Saatchi and Saatchi）。《航海英雄》應用程式可透過 App Store 與 Google Play 或前往 www.seaheroquest.com 下載。
16. 研究人員指出，《航海英雄》遊戲可判別哪些玩家先天具有阿茲海默症的基因：G. Coughlan et al. (2019), 'Toward personalized cognitive diagnostics of at-genetic-risk Alzheimer's disease', *PNAS* 116(19), pp. 9285–92.
17. 二〇一七年，該團隊發行了更引人入勝的虛擬實境遊戲版本，因為玩家在過程中必須四處走動，運用前庭系統與肢體動作。
18. Coutrot et al. (2019), 'Virtual navigation tested on a mobile app is predictive of real-world wayfinding navigation performance', *PloS* ONE 14(3): e0213272.
19. Coutrot et al. (2018), 'Global determinants of navigation ability', *Current Biology* 28(17), pp. 2861–6. 這些研究人員解釋，玩家的表現可能會受到個人的電玩經驗所影響，因此在遊戲發行的初期進行測試，並將實驗數據納入結果之中。
20. Coutrot et al. (2018): Supplemental information.
21. Coutrot et al. (2018); also G. Coughlan et al. (2018), 'Impact of sex and APOE status on spatial navigation in pre-symptomatic Alzheimer's disease', BioRxiv preprint: http://dx.doi.org/10.1101/287722.
22. 出自 Daniel Voyer, Susan Voyer and M. P. Bryden (1995), 'Magnitude of sex differences in spatial abilities: a meta-analysis and consideration of critical variables', *Psychological Bulletin* 117(2), pp. 250–70. 心像旋轉由空間工作記憶——將空間資訊記在心中一段時間的能力——所驅動。空間工作記憶的相關研究也顯示男性在這方面具有優勢。Daniel Voyer, Susan D. Voyer and Jean Saint-Aubin (2017), 'Sex differences in visual-spatial working memory: A meta-analysis', *Psychonomic Bulletin and Review* 24, pp. 307–34.
23. 關於人類導航任務中性別差異的深入分析，請見 Alina Nazareth et al. (2019), 'A meta-analysis of sex differences in human navigation skills', *Psychonomic Bulletin and Review*, https://doi.org/10.3758/s13423-019-01633-6.
24. Miller et al. (2013), and M. H. Matthews, *Making Sense of Place: Children's understanding of large-scale environments* (Harvester Wheatsheaf, 1992).
25. 腦部顯影研究顯示，男性從長期記憶獲取空間資訊時，大腦活化的區域比女性來得多，代表他們必須耗費更多腦力才能達到跟女性一樣的水準。D. Spets, B. Jeye and S. Slotnick (2017), 'Widely different patterns of cortical

activity in females and males during spatial long-term memory', Poster presentation at the Society for Neuroscience annual meeting, Washington DC, 11–15 November 2017.
除了擅長記憶物品的位置，女性在某些記憶任務中的表現也往往優於男性，譬如記憶臉孔。她們也比男性更精於口語推理：在具有相關研究的所有國家中，女孩在這方面的表現凌駕於男孩之上。

26. 近期針對一千三百六十七對雙胞胎的英國研究發現，在整體空間能力的個別歧異中，約有百分之六與性別差異有關：Kaili Rimfeld et al. (2017), 'Phenotypic and genetic evidence for a unifactorial structure of spatial abilities', *PNAS* 114(10), pp. 2777–82.
27. E.g. Irwin Silverman et al. (2000), 'Evolved mechanisms underlying wayfinding: further studies on the hunter-gatherer theory of spatial sex differences', *Evolution and Human Behavior* 21(3), pp. 201–13.
28. 討論請見Edward K. Clint et al. (2012), 'Male superiority in spatial navigation: adaptation or side effect?', *Quarterly Review of Biology* 87(4), pp. 289–313.
29. Layne Vashro and Elizabeth Cashdan (2015), 'Spatial cognition, mobility, and reproductive success in northwestern Namibia', *Evolution and Human Behavior* 36(2), pp. 123–9.
30. Megan Biesele and Steve Barclay (2001), 'Ju/'hoan women's tracking knowledge and its contribution to their husbands' hunting success', *African Study Monographs*, Suppl. 26, pp. 67–84.
31. Charles E. Hilton and Russell D. Greaves (2008), 'Seasonality and sex differences in travel distance and resource transport in Venezuelan foragers', *Current Anthropology* 49(1), pp. 144–53.
32. Benjamin C. Trumble et al. (2016), 'No sex or age difference in dead-reckoning ability among Tsimane forager-horticulturalists', *Human Nature* 27, pp. 51–67.
33. 證據請見Robert Jarvenpa and Hetty Jo Brumback, eds, *Circumpolar Lives and Livelihood: A comparative ethnoarchaeology of gender and subsistence* (University of Nebraska Press 2006).
34. Haneul Jang et al. (2019), 'Sun, age and test location affect spatial orientation in human foragers in rainforest', *Proceedings of the Royal Society B* 286 (1907),

https://doi.org/3.1098/rspb.019.0934.

35. Clint et al. (2012).
36. Carl W. S. Pintzka et al. (2018), 'Changes in spatial cognition and brain activity after a single dose of testosterone in healthy women', *Behavioral Brain Research* 298(B), pp. 78–90.
37. Andrea Scheuringer and Belinda Pletzer (2017), 'Sex differences and menstrual cycle dependent changes in cognitive strategies during spatial navigation and verbal fluency', *Frontiers in Psychology* 8, article 381; and Dema Hussain et al. (2016), 'Modulation of spatial and response strategies by phase of the menstrual cycle in women tested in a virtual navigation task', *Psychoneuroendocrinology* 70, pp. 108–17.
38. 更多關於產前睪固酮與認知能力的關聯之討論，請見Cordelia Fine, *Delusions of Gender: The real science behind sex differences* (Icon, 2010), chapter 10.
39. 範例見Alexander P. Boone, Xinyi Gong and Mary Hegarty (2018), 'Sex differences in navigation strategy and efficiency', *Memory & Cognition* 46(6), pp. 909–22.
40. 見Nicolas E. Andersen et al. (2012), 'Eye tracking, strategies, and sex differences in virtual navigation', *Neurobiology of Learning and Memory* 97, pp. 81–9.
41. Trumble et al. (2016).
42. Margaret R. Tarampi, Nahal Heydari and Mary Hegarty (2016), 'A tale of two types of perspective taking: sex differences in spatial ability', *Psychological Science* 27(11), pp. 1507–16.
43. Nazareth et al. (2019), 'A meta-analysis of sex differences in human navigation skills'.
44. 近期研究顯示，介於六個月大與八歲的這段期間，男孩與女孩在數學與量化推理能力上的平均表現並無差異。見Alyssa Kersey et al. (2019), 'No intrinsic gender differences in children's earliest numerical abilities', *npj Science of Learning* 3, p. 12.
45. Luigi Guiso et al. (2008), 'Culture, gender, and math', *Science* 320(5880), pp. 1164–5.

46. Nicole M. Else-Quest, Janet Shibley Hyde and Marcia C. Linn (2010), 'Cross-national patterns of gender differences in mathematics: a meta-analysis', *Psychological Bulletin* 136(1), pp. 103–27.
47. 數據出自世界經濟論壇（World Economic Forum）性別落差指數（Gender Gap Index，GGI），評比各國在教育、健康、政治與經濟領域促進性別平等的程度。
48. John W. Berry (1966), 'Temne and Eskimo perceptual skills', *International Journal of Psychology* 1(3), pp. 207–29.
49. Moshe Hoffman, Uri Gneezy and John A. List (2011), 'Nurture affects gender differences in spatial abilities', *PNAS* 108(36), pp. 14786–8.
50. M. H. Matthews (1987), 'Gender, home range and environmental cognition', *Transactions of the Institute of British Geographers* 12(1), pp. 43–56.
51. Mariah G. Schug (2016), 'Geographical cues and developmental exposure: navigational style, wayfinding anxiety, and childhood experience in the Faroe islands', *Human Nature* 27, pp. 68–81.
52. Carol A. Lawton and Janos Kallai (2002), 'Gender differences in wayfinding strategies and anxiety about wayfinding: a cross-cultural comparison', *Sex Roles* 47(9/10), pp. 389–401.
53. Tim Althoff et al. (2017), 'Large-scale physical activity data reveal worldwide activity inequality', *Nature* 547, pp. 336–9. 實驗研究發現，女性在探索新環境時漫遊的距離比男性來得短：Kyle T. Gagnon et al. (2018), 'Not all those who wander are lost: Spatial exploration patterns and their relationship to gender and spatial memory', *Cognition* 180, pp. 108–17.
54. A. Coutrot et al. (2018), 'Global determinants of navigation ability', *Current Biology* 28(17), pp. 2861–6.
55. 人類學家亞莉安娜·伯克在蘇格蘭六日定向越野節（Scottish 6-Day Orienteering Festival）中實證了這一點：Ariane Burke, Anne Kandler and David Good (2012), 'Women who know their place: sex-based differences in spatial abilities and their evolutionary significance', *Human Nature* 23, pp. 133–48.
56. Christian F. Doeller, Caswell Barry and Neil Burgess (2010), 'Evidence for grid cells in a human memory network', *Nature* 463, pp. 657–61.

57. 由衷感謝萊莎・拉德克利夫（Laisa Radcliffe）。

## 第七章：自然導航者

1. Wiley Post and Harold Gatty, *Around the World in Eight Days: The flight of the Winnie Mae* (Rand McNally, 1931), p. 109.
2. 引述自 Bruce Brown, *Gatty: Prince of Navigators* (Libra, 1997), p. 30.
3. *Around the World in Eight Days*, p. 236.
4. *Gatty: Prince of Navigators*, p. 120.
5. 'The Gatty Log', in *Around the World in Eight Days*, p. 292.
6. Harold Gatty, *The Raft Book: Lore of the sea and sky* (George Grady, 1944).
7. Harold Gatty, *Finding Your Way Without Map or Compass* (Dover, 1999), pp. 25–6, reprinted from the original *Nature is Your Guide: How to find your way on land and sea* (Collins, 1957).
8. Francis Chichester, *The Lonely Sea and the Sky* (Hodder and Stoughton, 1964), p. 124.
9. *The Lonely Sea and the Sky*, p. 63.
10. *The Journal of Navigation* 11(1), January 1958, pp. 107–9.
11. Jennifer E. Sutton, Melanie Buset and Mikayla Keller (2014), 'Navigation experience and mental representations of the environment: do pilots build better cognitive maps?', *PloS* ONE 9(3): e90058.
12. Frank Arthur Worsley, *Endurance: An epic of polar adventure* (Philip Allan, 1931), p. 88.
13. F. A. Worsley, *Shackleton's Boat Journey* (Philip Allan, 1933), p. 45.
14. *Shackleton's Boat Journey*, p. 85.
15. *Finding Your Way Without Map or Compass*, p. 39.
16. 如欲深入瞭解「歡樂之星號」與玻里尼西亞人的導航法，請見 www.hokulea.com 與 http://annex.exploratorium.edu/neverlost.
17. Richard Irving Dodge, *Our wild Indians: thirty-three years' personal experience among the red men of the great West. A popular account of their social life, religion, habits, traits, customs, exploits, etc. With thrilling adventures and*

*experiences on the great plains and in the mountains of our wide frontier* (A. D. Worthington, 1882), chapter XLIII.

18. 見John MacDonald, *The Arctic Sky: Inuit astronomy, star lore, and legend* (Royal Ontario Museum and Nunavut Research Institute, 2000); also Claudio Aporta and Eric Higgs (2005), 'Satellite culture: global positioning systems, Inuit wayfinding, and the need for a new account of technology', *Current Anthropology* 46(5), pp. 729–53.
19. 關於色彩繽紛與見解深刻的介紹，請見Bruce Chatwin, *The Songlines* (Franklin Press, 1987).
20. Claudio Aporta (2013), 'From Inuit wayfinding to the Google world: living within an ecology of technologies', in Judith Miggelbrink et al., eds, *Nomadic and Indigenous Spaces: Productions and Cognitions* (Routledge, 2013), chapter 12.
21. 如欲深入瞭解GPS對因紐特文化造成的影響，請見Claudio Aporta and Eric Higgs (2005), 'Global positioning systems, Inuit wayfinding, and the need for a new account of technology', *Current Anthropology* 46(5), pp. 729–53.
22. F. Spencer Chapman, 'On Not Getting Lost', in John Moore, ed., *The Boys' Country Book* (Collins, 1955), p. 40.
23. Claudio Aporta (2003), 'Inuit orienting: traveling along familiar horizons', chapter 5 of his thesis 'Old routes, new trails: contemporary Inuit travel and orienting in Igloolik, Nunavut', University of Alberta, 2003.
24. Kirill V. Istomin (2013), 'From invisible float to the eye for a snowstorm: the introduction of GPS by Nenets reindeer herders of western Siberia and its impact on their spatial cognition and navigation methods', in Judith Miggelbrink et al., eds, *Nomadic and Indigenous Spaces: Productions and Cognitions* (Routledge, 2013), chapter 10.
25. Kirill V. Istomin (2013).
26. 例如：R. R. Baker (1980), 'Goal orientation by blindfolded humans after long-distance displacement: possible involvement of a magnetic sense', *Science* 210(4469), pp. 555–7; Eric Hand, 'Polar explorer' (23 June 2016), *Science* 352 (6293), pp. 1508–13; Connie X. Wang et al. (2019), 'Transduction of the geomagnetic field as evidenced from alpha-band activity in the human brain',

*eNeuro* (E-publication) DOI 10.1523/eneuro.0483-18.2019.
27. 出自 Lera Boroditsky and Alice Gaby (2010), 'Remembrances of times east: absolute spatial representations of time in an Australian aboriginal community', *Psychological Science* 21(11), pp. 1635–9; also NPR Radiolab podcast Bird's-Eye View.
28. Franz Boas, 'From Geographical Names of the Kwakiutl Indians' (Columbia University Press, 1934).
29. Harry R. DeSilva (1931), 'A case of a boy possessing an automatic directional orientation', *Science* 73(1893), pp. 393–4.
30. Rebecca Solnit, *A Field Guide to Getting Lost* (Canongate, 2006), p. 10.

## 第八章：迷路心理學

1. Gerry Largay Missing Hiker report, Bureau of Warden Service, State of Maine Department of Inland Fisheries and Wildlife, 12 November 2015.
2. Kathryn Miles, 'How could a woman just vanish', *Boston Globe*, 30 December 2014. 見於 https://www.bostonglobe.com/magazine/2014/ 12/30/how-could-woman-just-vanish/CkjirwQF7RGnw4VkAl6TWM/story.html.
3. 細節出自《失蹤登山客潔芮・拉姬報告》（Gerry Largay Missing Hiker Report，二〇一五年）。
4. 出自本書序言：*Canadian Crusoes: A Tale of the Rice Lake Plains*, by Moodie's sister Catharine Parr Traill (Arthur Hall, Virtue and Company, 1852), pp. vi–vii. Moodie's own memoir, *Life in the Clearings versus the Bush*, contains several accounts of people who had died after becoming lost in the woods: (Richard Bentley, 1853), pp. 269–78.
5. *Canadian Crusoes*, p. 77.
6. 'Lost in a forest', University of St Andrews press release, 1 April 2002, based on Forestry Commission report 'Perceptions, Attitudes and Preferences in Forests and Woodlands', by Terence R. Lee (Forestry Commission, 2001).
7. Francis Chichester, *The Lonely Sea and the Sky* (Hodder and Stoughton, 1964), p. 249.

8. Ralph A. Bagnold, *Libyan Sands: Travel in a dead world* (Hodder and Stoughton, 1935), p. 80.
9. 作者訪談。
10. 見Kenneth Hill, 'The Psychology of Lost', in Kenneth Hill, ed., *Lost Person Behavior* (Canada National Search and Rescue Secretariat, 1999).
11. 最實用的導航輔助工具為固定不動的大型可視地標：山脈、摩天大樓、顯眼的樹木。在二戰期間，約有三萬六千名同盟國士兵在逃出德國集中營或飛越淪陷的歐洲上空時跳傘逃生後，費盡千辛萬苦回到英國。其中許多人利用的工具是英國軍情處（British military intelligence）為了指引逃亡者到瑞士邊界所製作的「脫險」地圖。這款地圖印刷在絲質布料上，以便藏匿及折疊時不會發出聲音，上頭標有無數地標的敘述，可供辨認最有利的邊境跨越點，如電塔、一連串的山丘、火山岩層、工廠煙囪或「一座矗立在樹木繁茂的山頂上的瞭望鐵塔」〔其中一些地圖典藏於倫敦大英圖書館，例如皇家陸軍炮兵一員的艾瑞・尼夫（Airey Neave）第一次成功逃出德國科帝茲堡時所使用的那張地圖。Shelfmark: Maps CC.5.a.424〕。即使被敵軍追捕，你也很難錯過這些方位指引物。
12. *Canadian Crusoes*, Appendix A.
13. Jan L. Souman et al. (2009), 'Walking straight into circles', *Current Biology* 19, pp. 1538–42.
14.《波士頓環球報》二〇一四年十二月三十日。
15. 論壇請由此連結進入（現已關閉）：https://www.reddit.com/r/UnresolvedMysteries/comments/4l3t6d/hiker_geraldine_largay_who_died_after/.
16. Bill Bryson, *A Walk in the Woods* (Doubleday, 1997), p. 57.
17. Thomas Hamilton in his *Men and Manners in America* (William Blackwood, 1833), vol. 2, pp. 191–2; 引自Jenni Calder, *Lost in the Backwoods: Scots and the North American Wilderness* (Edinburgh University Press, 2013), p. 45.
18. Joseph LeDoux, *Synaptic Self: How our brains become who we are* (Viking, 2002), p. 226.
19. Henry Forde (1873), 'Sense of direction', *Nature* 7, pp. 463–4, 17 April.
20. Charles Darwin (1873), 'Origin of certain instincts', *Nature* 7, pp. 417–18, 3 April.
21. 'The Psychology of Lost' (1999).

22. 出自John Grant, 'Lost in the Canadian wilderness', in *Wide World Magazine*, October 1898, pp. 19–25, printed in Charles Neider, ed., *Man Against Nature: Tales of adventure and exploration* (Harper, 1954), pp. 214–21.
23. Charles A. Morgan III et al. (2006), 'Stress-induced deficits in working memory and visuo-constructive abilities in special operations soldiers', *Biological Psychiatry* 60, pp. 722–9.
24. 這段引文首度見於《新科學人》（*New Scientist*）二〇一七年五月十三日刊登的文章〈面對危險〉（In the face of danger）。
25. 出自羅森塔爾的詩作'Purple Canyon II', in Ed Rosenthal, *The Desert Hat: Survival poems* (Moonrise Press, 2013).
26. F. Spencer Chapman, 'On Not Getting Lost', in John Moore, ed., *The Boys' Country Book* (Collins, 1955), pp. 40–1.
27.《波士頓環球報》二〇一四年十二月三十日。
28. 國際搜救事件資料庫：https://www.dbs-sar.com/SAR_Research/ISRID.htm.
29. 搜救中心（Center for Search Rescue）：http://www.searchresearch. org.uk.
30. 這些發現出自二〇一一年搜救中心《英國失蹤人口行為研究》，下載請至：http://www.searchresearch.org.uk/www/ukmpbs/current_report; Robert J. Koester, *Lost Person Behavior: A search and rescue guide on where to look – for land, air and water* (dbS Productions, 2008); and Koester's updated manual *Endangered & Vulnerable Adults and Children: Search and rescue field operations guide for law enforcement* (dbS Productions, 2016).
31. 關於達特穆爾國家公園艾許伯頓搜救隊的更多資訊，請見：https://www.dsrtashburton.org.uk.
32. *Ramblings of a Mountain Rescue Team* (Dartmoor Search and Rescue Ashburton, 2016).
33. 詳細過程請見Dwight McCarter and Ronald Schmidt, *Lost: A ranger's journal of search and rescue* (Graphicom Press, 1998).

## 第九章：在城市中找路

1. 'Psychological maps of Paris', in Stanley Milgram, *The Individual in a Social*

World: Essays and experiments, 2nd edition (McGraw-Hill, 1992), p. 88.

2. 'Psychological maps of Paris', p. 111.
3. Negin Minaei (2014), 'Do modes of transportation and GPS affect cognitive maps of Londoners?', *Transportation Research Part A* 70, pp. 162–80.
4. 'Lost in the City', Nokia press release, October 2008. 請見：https://www.nokia.com/en_int/news/releases/2008/11/27/lost-in-the-city.
5. Peter Ackroyd, *London: The Biography* (Chatto & Windus, 2000), p. 586.
6. 如欲瞭解這項計畫的緣由與理念，請見：Tim Fendley (2009), 'Making sense of the city: a collection of design principles for urban wayfinding', *Information Design Journal* 17(2), pp. 89–106.
7. Kevin Lynch, *The Image of the City* (MIT Press, 1960), p. 4.
8. 倫敦大學學院的凱特・傑佛瑞在近期發表了一篇論文，建議建築師參考空間神經科學的論點：Kate Jeffery (2019), 'Urban architecture: a cognitive neuroscience perspective', *The Design Journal*, https://doi.org/10.1080/14606925.2019.1662666.
9. 探討都市格局設計的「空間型構理論」（Space Syntax）由倫敦大學學院巴特萊研究所（Bartlett School of Graduate Studies）所長比爾・希利爾（Bill Hillier）提出。其著作《空間是機器：建築型構理論》（Cambridge University Press, 1996）的線上版見於：http://spaceisthemachine.com.
10. Osnat Yaski, Juval Portugali and David Eilam (2011), 'City rats: insight from rat spatial behavior into human cognition in urban environments', *Animal Cognition* 14, pp. 6554–663.
11. 出自 Janet Vertesi (2008), 'Mind the gap: the London Underground map and users' representations of urban space', *Social Studies of Science* 38(1), pp. 7–33.
12. 可供下載：https://www.whatdotheyknow.com/request/224813/response/560395/attach/3/London%20Connections%20Map.pdf.
13. 見於：https://tfl.gov.uk/modes/walking/?cid=walking.
14. 從神經科學的角度可以提供一個有力的解釋：在熟悉的環境裡，網格細胞放電軌跡的節點（負責在個體移動時追蹤距離與角度）彼此間隔較近，以確保個體能更清楚看見與敏銳感知環境中的細節。見 Anna Jafarpour and Hugo Spiers (2017), 'Familiarity expands space and contracts time',

*Hippocampus* 27, pp. 12–16.

15. 艾杉波設計的地圖在其個人網站上可供瀏覽與購買：https://www.archiespress.com.
16. Ruth Conroy Dalton (2003), 'The secret is to follow your nose: route path selection and angularity', *Environment and Behavior* 35(1), pp. 107–31; Alasdair Turner (2009), 'The role of angularity in route choice: an analysis of motorcycle courier GPS traces', in K. Stewart Hornsby et al., eds, *Lecture Notes in Computer Science*, vol. 5756 (Springer Verlag, 2009), pp. 489–504; Bill Hillier and Shinichi Iida (2005), 'Network and psychological effects in urban movement', in A. G. Cohn and D. M. Mark, *Lecture Notes in Computer Science*, vol. 3693 (Springer-Verlag, 2005), pp. 475–90.
17. Robert Moor, *On Trails* (Simon and Schuster, 2016), p. 18.
18. 此段引文的最後一句首見於Michael Bond, 'The hidden ways that architecture affects how you feel', *BBC Future*, 6 June 2017, 請至http://www.bbc.com/future/story/20170605-the-psychology-behind-your-citys-design.
19. Heike Tost, Frances A. Champagne and Andreas Meyer-Lindenberg (2015), 'Environmental influence in the brain, human welfare and mental health', *Nature Neuroscience* 18(10), pp. 4121–31.
20. 許多研究均證實，都會區設有綠地有益市民健康。E.g. Ian Alcock et al. (2014), 'Longitudinal effects on mental health of moving to greener and less green urban areas', *Environmental Science and Technology* 48(2), pp. 1247–55.
21. 見 Giulio Casali, Daniel Bush and Kate Jeffery (2019), 'Altered neural odometry in the vertical dimension', *PNAS* 116(10), pp. 4631–6. 負責對應立體空間的神經機制仍有待研究。關於近年相關的人體研究，請見Misun Kim and Eleanor Maguire (2018), 'Encoding of 3D head direction information in the human brain', *Hippocampus* (E-publication) DOI: 10.1002/hipo.23060.
22. Ruth Conroy Dalton and Christoph Hölscher, eds, *Take One Building: Interdisciplinary research perspectives of the Seattle Central Library* (Routledge, 2017).
23. 出自Yelp.com一個討論圖書館的公共論壇：https://www.yelp.com/biz/the-seattle-public-library-central-library-seattle.

24. Bruce Mau, *Life Style* (Phaidon Press, 2005), p. 242, via Ruth Conroy Dalton (2017), 'OMA's conception of the users of Seattle Central Library', in *Take One Building* (2017).
25. Michael Brown et al. (2015), 'A survey-based cross-sectional study of doctors' expectations and experiences of non-technical skills for Out of Hours work', *BMJ Open* 5(2): e006102.
26. Craig Zimring, *The costs of confusion: monetary and non-monetary costs of the Emory University hospital wayfinding system* (Georgia Institute of Technology paper, 1990).

## 第十章：我在這裡嗎？

1. 如欲參考討論正常老化如何影響導航與空間定向的綜述，請見Adam W. Lester et al. (2017), 'The aging navigational system', *Neuron* 95, pp. 1019–35. 一些研究表示，導航技能很早就開始退化。雨果・史畢爾分析利用《航海英雄》檢測阿茲海默症患者的計畫後指出，導航技能有可能在我們二十出頭時就開始退化：A. Coutrot et al. (2018), 'Global determinants of navigation ability', *Current Biology* 28(17), pp. 2861–6.
2. James Tung et al. (2014), 'Measuring life space in older adults with mild-to-moderate Alzheimer's disease using mobile phone GPS', *Gerontology* 60, pp. 154–62.
3. Wendy Mitchell, *Somebody I Used to Know* (Bloomsbury, 2018), p. 131.
4. T. Gómez-Isla et al. (1996), 'Profound loss of layer II entorhinal cortex neurons occurs in very mild Alzheimer's disease', *Journal of Neuroscience* 16, pp. 4491–4500.
5. 這項實驗以虛擬實境建構的環境為背景。Lucas Kunz et al. (2015), 'Reduced grid-cell-like representations in adults at genetic risk for Alzheimer's disease', *Science* 350(6259), pp. 430–3. 另一組實驗則顯示，阿茲海默症遺傳風險高的人即使未展現任何症狀，但仍在尋路的某些面向中表現較差（如距離追蹤），這很可能是因為他們的內嗅皮質已逐漸退化。G. Coughlan et al. (2018), 'Impact of sex and APOE status on spatial navigation in pre-

symptomatic Alzheimer's disease', BioRxiv preprint: http://dx.doi.org/10.1101/287722.

6. Matthius Strangl et al. (2018), 'Compromised grid-cell-like representations in old age as a key mechanism to explain age-related navigational deficits', *Current Biology* 28, pp. 1108–15. 由於網格細胞接收的方位資訊來自頭向細胞，因此它們的退化有可能是頭向細胞受損所致。這點仍有待實驗測試。
7. Ruth A. Wood et al. (2016), 'Allocentric spatial memory testing predicts conversion from Mild Cognitive Impairment to dementia: an initial proof-of-concept study', *Frontiers in Neurology* 7, article 215.
8. 路徑整合測試的另一個優點是（除了可及早診斷阿茲海默症之外），它不同於空間記憶的測試，不會受到教育程度的影響。教育水準高但海馬迴退化的人，在四座山測試中的表現可能比十六歲輟學但腦部健全的受試者來得好，但路徑整合完全不受這項因素的干擾，理論上應可更準確地評估認知健康。
9. David Howett et al. (2019), 'Differentiation of mild cognitive impairment using an entorhinal cortex-based test of VR navigation', *Brain* 142(6), pp. 1751–66.
10. Kyoko Konishi et al. (2018), 'Healthy versus entorhinal cortical atrophy identification in asymptomatic APOE4 carriers at risk for Alzheimer's disease', *Journal of Alzheimer's Disease* 61(4), pp. 1493–1507.
11. 見Kyoko Konishi et al. (2017), 'Hippocampus-dependent spatial learning is associated with higher global cognition among healthy older adults', *Neuropsychologia* 106, pp. 310–21.
12. Helen Thomson, *Unthinkable: An extraordinary journey through the world's strangest brains* (John Murray, 2018), chapter 2. 如果你對大腦與行為有興趣，我強烈推薦這本書。
13. 出自個人通信。
14. S. F. Barclay et al. (2016), 'Familial aggregation in developmental topographical disorientation (DTD)', *Cognitive Neuropsychology* 33(7–8), pp. 388–97.
15. Giuseppe Iaria and Ford Burles (2016), 'Developmental Topographical Disorientation', *Trends in Cognitive Sciences* 20(10), pp. 720–2.
16. Megan E. Graham (2017), 'From wandering to wayfaring: reconsidering

movement in people with dementia in long-term care', *Dementia* 16(6), pp. 732–49.

17. Megan E. Graham (2017).
18. 'Walking About'. Alzheimer's Society factsheet 501LP, December 2015, p. 3.
19. 如欲深入瞭解赫姆斯代爾的失智症患者友善社區，請見：https://ademlentiafriendlycommunity.com/.
20. O'Malley et al. (2017), ' "All the corridors are the same": a qualitative study of the orientation experiences and design preferences of UK older adults living in a communal retirement development', *Ageing and Society* 1–26. doi:10.1017/S0144686X17000277.
21. 見Roddy M. Grieves et al. (2016), 'Place field repetition and spatial learning in a multicompartment environment', *Hippocampus* 26, pp. 118–34. 第三章有完整說明這項研究。
22. O'Malley et al. (2017).
23. 如欲深入瞭解阿茲海默症安寧療養中心，請見：http://www.niallmclaughlin.com/projects/alzheimers-respite-centre-dublin.

## 第十一章：結語：路的盡頭

1. 例如：Toru Ishikawa and Kazunori Takahashi (2013), 'Relationships between methods for presenting information on navigation tools and users' wayfinding behavior', *Cartographic Perspectives* 75, pp. 17–28; Stefan Munzer et al. (2006), 'Computer-assisted navigation and the acquisition of route and survey knowledge', *Journal of Environmental Psychology* 26, pp. 300–8; Ginette Wessel et al. (2010), 'GPS and road map navigation: the case for a spatial framework for semantic information', *Proceedings of the International Conference on Advanced Visual Interfaces*, pp. 207–14; and Lukas Hejtmanek et al. (2018), 'Spatial knowledge impairment after GPS guided navigation: Eye-tracking study in a virtual town', *International Journal of Human-Computer Studies* 116, pp. 15–24.
2. Katharine S. Willis et al. (2009), 'A comparison of spatial knowledge acquisition

with maps and mobile maps', *Computers, Environment and Urban Systems* 33, pp. 100–10. 在摺頁式電子版問世之前，紙張地圖更適合記憶，單純是因為它們體積較大，可以呈現更多背景。

3. Julia Frankenstein, 'Is GPS all in our heads', *New York Times*, 2 February 2012. 見於：https://www.nytimes.com/2012/02/05/opinion/sunday/is-gps-all-in-our-head.html
4. Negin Minaei (2014), 'Do modes of transportation and GPS affect cognitive maps of Londoners?', *Transportation Research Part A* 70, pp. 162–80.
5. Colin Ellard, *Places of the Heart: The psychogeography of everyday life* (Bellevue Literary Press, 2015), p. 208.
6. 如欲深入探索尋路的社會面向，請見Ruth Dalton, Christoph Hölscher and Daniel Montello (2018), 'Wayfinding as a social activity', *Frontiers in Psychology* 10, article 142.
7. Kostadin Kushlev, Jason Proulx, Elizabeth Dunn (2017), 'Digitally connected, socially disconnected: The effects of relying on technology rather than other people', *Computers in Human Behavior* 76, pp. 68–74.
8. Rebecca Solnit, *A Field Guide to Getting Lost* (Canongate, 2006), p. 14.
9. Henry David Thoreau, *Walden* (Walter Scott, 1886), p. 169.
10. Robert Macfarlane, 'A road of one's own', *Times Literary Supplement*, 7 October 2005. 見於：https://www.the-tls.co.uk/articles/private/a-road-of-ones-own/.
11. 出自本書序言：Tina Richardson, ed., *Walking Inside Out: Contemporary British Psychogeography* (Rowman and Littlefield, 2015).
12. Google Maps全新的「擴增實境」功能在前方景象畫面上疊加了方向箭頭，大幅提升了基礎地圖應用程式的使用體驗，因為這使人不得不查看與留意周遭環境。
13. 近年一群德國心理學家證明了，詳細的導航指示為空間學習與記憶帶來的正面影響：Klaus Gramann, Paul Hoeppner and Katja Karrer-Gauss (2017), 'Modified navigation instructions for spatial navigation assistance systems lead to incidental spatial learning', *Frontiers in Psychology* 8, article 193.
14. Veronique D. Bohbot et al. (2007), 'Gray matter differences correlate with spontaneous strategies in a human virtual navigation task', *Journal of*

*Neuroscience* 27(38), pp. 10078–83; Kyoko Konishi and Veronique D. Bohbot (2013), 'Spatial navigational strategies correlate with gray matter in the hippocampus of healthy older adults tested in a virtual maze', *Frontiers in Aging Neuroscience* 5, article 1.

15. Konishi et al. (2017), 'Hippocampus-dependent spatial learning is associated with higher global cognition among healthy older adults', *Neuropsychologia* 106, pp. 310–21; Davide Zanchi et al. (2017), 'Hippocampal and amygdala gray matter loss in elderly controls with subtle cognitive decline', *Frontiers in Aging Neuroscience* 9, article 50.
16. Bohbot's team has demonstrated this with video games: Greg West et al. (2018), 'Impact of video games on plasticity of the hippocampus', *Molecular Psychiatry* 23(7), pp. 1566–74.
17. 如欲深入瞭解波波特設計的認知訓練法，請至www.vebosolutions.com。波波特強調，訓練大腦的尾核將可促進個體在某些方面的認知表現，例如需要習慣性學習或快速反應的任務。然而，仰賴尾核執行認知任務的人，有可能在需要運用海馬迴的任務（如建構認知地圖）中表現較差，而且罹患阿茲海默症與其他神經精神疾病的機率較高。
18. 見Martin Lovden et al. (2012), 'Spatial navigation training protects the hippocampus against age-related changes during early and late adulthood', *Neurobiology of Aging* 33: 620.e9–620.e22.
19. Guy Murchie, *Song of the Sky* (Riverside Press, 1954), p. 67.

# 精選參考書目

*Gatty: Prince of Navigators*, by Bruce Brown (Libra, 1997)

*The Lonely Sea and the Sky*, by Francis Chichester (Hodder and Stoughton, 1964)

*Lost in the Backwoods: Scots and the North American Wilderness*, by Jenni Calder (Edinburgh University Press, 2013)

*The Idea of North*, by Peter Davidon (Reaktion, 2005)

*The Wayfinders: Why ancient wisdom matters in the modern world*, by Wade Davis (Anansi, 2009)

*Why People Get Lost: The psychology and neuroscience of spatial cognition*, by Paul Dudchenko (OUP, 2010)

*Places of the Heart: The psychogeography of everyday life*, by Colin Ellard (Bellevue Literary Press, 2015)

*Where am I? Why we can find our way to the moon but get lost in the mall*, by Colin Ellard (HarperCollins, 2009)

*Pieces of Light: The new science of memory*, by Charles Fernyhough (Profile, 2012)

*Delusions of Gender: The real science behind sex differences*, by Cordelia Fine (Icon, 2010)

*Nature is Your Guide: How to find your way on land and sea*, by Harold Gatty (Collins, 1957)

*East is a Big Bird: Navigation and logic on Puluwat Atoll*, by Thomas Gladwin (Harvard University Press, 1970)

*The Natural Navigator: The art of reading nature's own signposts*, by Tristan Gooley (Virgin Books, 2010)

*Rifleman: A front-line life*, by Victor Gregg and Rick Stroud (Bloomsbury, 2011)
*King's Cross Kid: A London childhood*, by Victor Gregg and Rick Stroud (Bloomsbury, 2013)
*Making Space: How the brain knows where things are*, by Jennifer Groh (Harvard University Press, 2014)
*Solitary Confinement: Social death and its afterlives*, by Lisa Guenther (University of Minnesota Press, 2013)
*Sapiens: A brief history of humankind*, by Yuval Noah Harari (Harvill, 2014)
*The Lost Art of Finding Our Way*, by John Edward Huth (Harvard University Press, 2013)
*The Perception of the Environment: Essays on livelihood, dwelling and skill*, by Tim Ingold (Routledge, 2000)
*Place-Names of Scotland*, by James B. Johnston (John Murray, 1934)
*Inner Navigation: Why we get lost and how we find our way*, by Erik Jonsson (Scribner, 2002)
*The Arctic Sky: Inuit astronomy, star lore, and legend*, by John MacDonald (Royal Ontario Museum and Nunavut Research Institute, 2000)
*Landmarks*, by Robert Macfarlane (Hamish Hamilton, 2015)
*Making Sense of Place: Children's understanding of large-scale environments*, by M. H. Matthews (Harvester Wheatsheaf, 1992)
*Lost! A ranger's journal of search and rescue*, by Dwight McCarter and Ronald Schmidt (Graphicom Press, 1998)
*On Trails: An exploration*, by Robert Moor (Simon and Schuster, 2016)
*Song of the Sky*, by Guy Murchie (Riverside Press, 1954)
*The Hippocampus as a Cognitive Map*, by John O'Keefe and Lynn Nadel (OUP, 1978)
*Around the World in Eight Day: The flight of the Winnie Mae*, by Wiley Post and Harold Gatty (Rand McNally, 1931)
*A Field Guide to Getting Lost*, by Rebecca Solnit (Canongate, 2006)
*Cognitive Architecture: Designing for how we respond to the built environment*, by Ann Sussman and Justin B. Hollander (Routledge, 2015)

NEW不歸類 RG8050

# 大腦如何辨識方向？

## 建立方向感、空間意識、拓展社群的人類大腦導航祕密

●原著書名：Wayfinding: The Art and Science of How We Find and Lose Our Way ●作者：麥可．龐德 Michael Bond ●翻譯：張馨方 ●封面設計：吳郁嫻 ●校對：李鳳珠 ●主編：徐凡 ●責任編輯：吳貞儀 ●國際版權：吳玲緯、楊靜 ●行銷：闕志勳、吳宇軒、余一霞 ●業務：李再星、李振東、陳美燕 ●總編輯：巫維珍 ●編輯總監：劉麗真 ●發行人：凃玉雲 ●出版社：麥田出版／城邦文化事業股份有限公司／104台北市中山區民生東路二段141號5樓／電話：(02) 25007696／傳真：(02) 25001966、發行：英屬蓋曼群島商家庭傳媒股份有限公司城邦分公司／台北市中山區民生東路二段141號11樓／書虫客戶服務專線：(02) 25007718；25007719／24小時傳真服務：(02) 25001990；25001991／讀者服務信箱：service@readingclub.com.tw／劃撥帳號：19863813／戶名：書虫股份有限公司 ●香港發行所：城邦（香港）出版集團有限公司／香港灣仔駱克道193號東超商業中心1樓／電話：(852) 25086231／傳真：(852) 25789337 ●馬新發行所／城邦（馬新）出版集團【Cite(M) Sdn. Bhd.】／41-3, Jalan Radin Anum, Bandar Baru Sri Petaling, 57000 Kuala Lumpur, Malaysia.／電話：+603-9056-3833／傳真：+603-9057-6622／讀者服務信箱：services@cite.my ●印刷：前進彩藝有限公司 ●2023年11月初版一刷 ●定價：450元

國家圖書館出版品預行編目資料

大腦如何辨識方向？建立方向感、空間意識、拓展社群的人類大腦導航祕密／麥可．龐德（Michael Bond）著；張馨方譯. -- 初版. -- 臺北市：麥田出版：家庭傳媒城邦分公司發行, 2023.11
面； 公分. --（NEW不歸類；RG8050）
譯自：Wayfinding: The Art and Science of How We Find and Lose Our Way
ISBN 978-626-310-530-0（平裝）
EISBN 978-626-310-532-4（EPUB）

1. CST: 導航 2. CST: 認知科學

300 112012835

城邦讀書花園
www.cite.com.tw

A.

B.

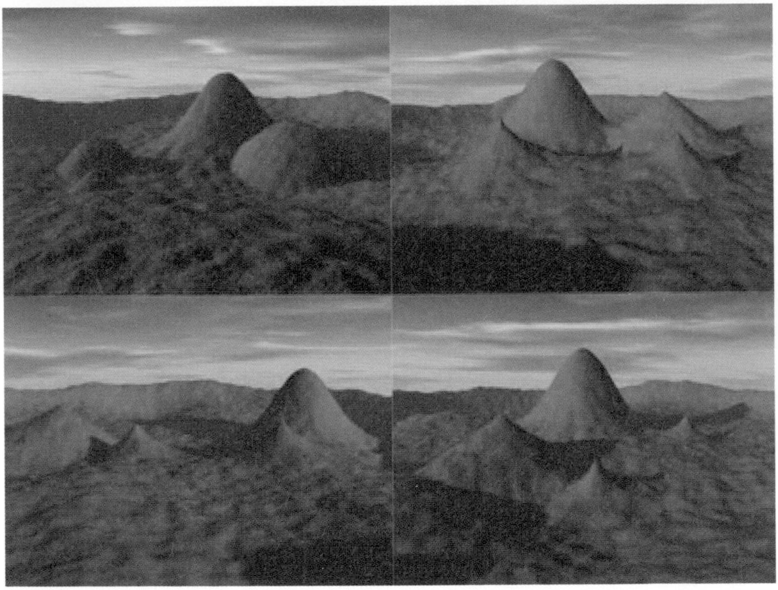

〔圖一〕空間記憶的四座山測試。

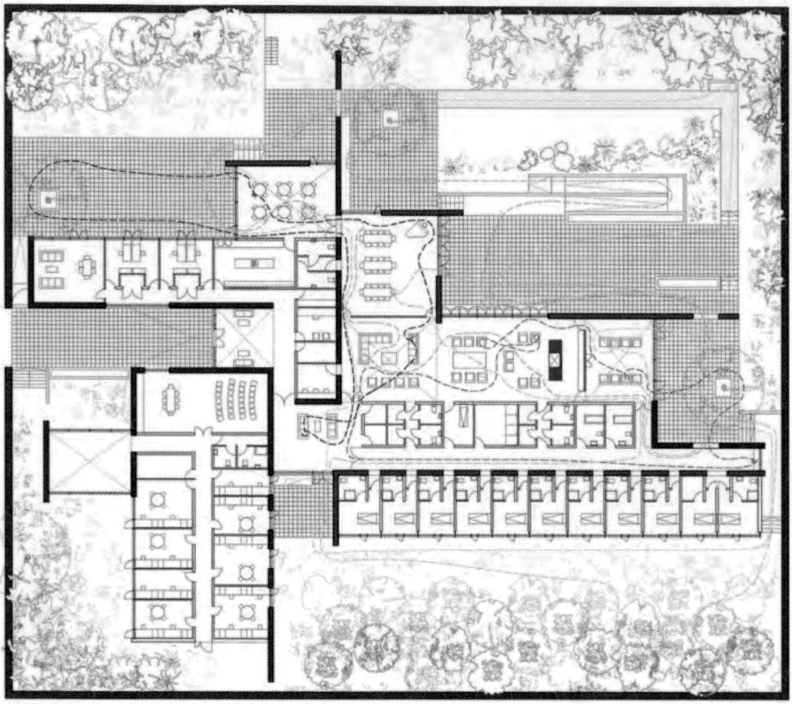

〔圖二〕布萊克羅克照護中心及其想像中的漫遊路徑：一樓平面圖。